中国城乡规划与多支持系统前沿研究丛书 | 刘合林主编

国家自然科学基金项目(52308044、52278063)
中国博士后科学基金资助项目(2023M730149)

城市创新空间与创新网络

聂晶鑫　刘合林　著

东南大学出版社
SOUTHEAST UNIVERSITY PRESS
·南京·

内容提要

本书综合集聚理论的视角,依次分析了城市知识创新活动在地理空间与网络空间作用下的特征,包括分布、模式与机理等;基于耦合程度识别出叠加了创新网络作用后的城市创新空间类型,结合实证分析建立了基于"政府—市场"关系的机制解释框架,用以解释不同类型城市创新空间形成的原因;识别了影响城市创新空间绩效的核心要素,并针对不同类型提出了差异化的优化策略与建议,以期推进中微观城市创新空间的研究。

本书可为高等院校城乡规划学、人文地理学、管理学等相关专业的科研人员、管理人员以及高等院校从事相关研究的师生提供有益参考,也适合对创新和创新空间发展感兴趣的读者使用。

图书在版编目(CIP)数据

城市创新空间与创新网络 / 聂晶鑫,刘合林著. -- 南京:东南大学出版社,2025.2
(中国城乡规划与多支持系统前沿研究丛书 / 刘合林主编)
ISBN 978-7-5766-0967-7

Ⅰ.①城… Ⅱ.①聂… ②刘… Ⅲ.①城市空间-空间规划-网络空间-研究-中国 Ⅳ.①TU984.2

中国国家版本馆 CIP 数据核字(2023)第 216769 号

责任编辑:孙惠玉　　责任校对:子雪莲　　封面设计:王玥　　责任印制:周荣虎

城市创新空间与创新网络
Chengshi Chuangxin Kongjian Yu Chuangxin Wangluo

著　　者	聂晶鑫　刘合林
出版发行	东南大学出版社
出 版 人	白云飞
社　　址	南京市四牌楼 2 号　邮编:210096
网　　址	http://www.seupress.com
经　　销	全国各地新华书店
排　　版	南京布克文化发展有限公司
印　　刷	南京凯德印刷有限公司
开　　本	787 mm×1092 mm　1/16
印　　张	11
字　　数	265 千
版　　次	2025 年 2 月第 1 版
印　　次	2025 年 2 月第 1 次印刷
书　　号	ISBN 978-7-5766-0967-7
定　　价	59.00 元

本社图书若有印装质量问题,请直接与营销部调换。电话(传真):025-83791830

总序

1956年，城市规划作为一门学科正式被纳入教育部的招生目录，标志着我国大学城市规划专业教育的正式确立。参照苏联模式并结合国家发展实际，这一时期城市规划的学科发展表现出显著的建筑和工程导向。到了20世纪70年代中期，来自地理类院校的"城市—区域"理论被引入城市规划的学科发展和科学研究，丰富了城市规划专业的学科内涵、研究领域与规划实践。20世纪90年代，改革开放和国际交流的不断深化使得城市规划的学科结构不断完善，科学研究的广度和深度持续拓展，规划编制的技术方法不断革新。2011年，"城乡规划"一级学科的设立，则从侧面反映了城乡规划的城乡统筹价值转向。

城乡规划学科发展的历史表明，规划研究始终与国家发展的时代需求相呼应。在新中国成立初期，百废待兴，城市蓝图描绘和工程建设尤为紧迫，这一时期的研究表现出显著的工程指向性；在1970—1977年，国家宏观调控与生产力布局的实际需求加强，城市发展过程中的区域观和统筹问题的研究变得更加重要；改革开放所带来的社会、经济的深刻变化，使得土地制度、房地产金融、区域均衡发展和全球城市等问题的研究成为热点。2000年后，在快速城镇化和全球化全面深化的背景下，土地集约高效利用、人居环境品质提升、可持续城乡发展、历史文化遗产保护、社会公平正义、城乡统筹协调发展等问题被广泛探讨。近年来，生态文明建设、国土空间规划改革和人工智能等新数字技术发展正深刻重塑城乡规划的学科内涵和研究领域，新的规划研究议题不断涌现，如规划建设的双碳技术、历史文化聚落遗产保护、流域综合治理、人居环境品质提升、空间治理现代化、国土空间安全、城市更新改造和数字赋能规划创新等。

在此背景下，东南大学出版社推出"中国城乡规划与多支持系统前沿研究丛书"，这正是对新时代城乡规划学科发展与科学研究需求的积极响应，适逢其时。本丛书的各位作者都是具有国际视野、国内经验和家国情怀的青年学者，他们立足国家重大战略需求，敢于争先，勇于探索，将规划教育、规划实践与规划研究紧密结合，作品既体现出规划科学研究的前沿性，也体现出中国规划特色的在地性和时代性。本丛书从策划走到现实，始终秉持开放包容的原则，是一个持续不断添新增彩的过程，每一本都值得仔细研读。在未来，相信会有更多的优秀作品进入该丛书序列，响应国家重大需求，解决时代规划问题。

全球化、城市化、数字化和国家治理现代化正持续推进，中国正在逐步走向高收入国家行列，中国的城镇化正在走向弗里德曼所言的Ⅱ型城镇化，中国人民的生活方式也正在转向绿色低碳健康，中国的规划研究与实践也必将走上新的征程。我相信，本套丛书的出版必能为当前我国规划研究的拓展和规划事业的进步贡献价值。

刘合林
2023年10月于武汉

前言

近10年来,越来越多的中小企业、知识型员工开始寻找新的创新区位,"创新回归都市"成为趋势,其结果则是出现了更多本地开放创新生态系统,创新的空间组织发生了变化。从全球范围来看,欧美国家崛起了"创新城区"(innovation districts)等新的创新地理现象,并迅速席卷全球,吸引了数百个地区的跟进。在创新活动本身更加全球互联的同时,创新对本地的空间品质要求也越来越高。从国内实践来看,在创新驱动发展战略深入实施的背景下,各大城市也纷纷发力营建创新空间,类似创新街区、环大学创新圈等成为集聚创新要素的新空间。除了激活全社会创新创业潜力、为社会经济发展注入新动能外,创新还与新时期城市发展的阶段需求高度吻合,成为复兴城市中心城区的重要手段。在大城市的更新行动中,将一些旧厂房、老住房转变为创新集聚空间的操作蔚然成风。总之,中外城市无不将营建新的城市创新空间作为激活城市发展动力的重要途径之一,对创新活动集聚规律的研究提出了新要求。

与创新空间组织相关的理论也有新发展。演化经济地理学提出创新是推动经济变迁的根本动力,并借助网络分析工具解析创新网络,加深对区域演化的理解。同时,要素流动性的增强推动城市网络研究进入高潮,也带动了创新网络研究的增长。城市网络研究的相关理论给予创新网络研究诸多启示。除了最前沿的网络分析方法之外,全球—地方互动、网络外部性的讨论、网络空间与地理空间的关系等前沿议题都为创新研究提供了新的领域。沿着这些方向,针对创新空间的研究不仅可以拓展到创新网络维度,而且有必要就二者的关系做出进一步分析。这项工作将为推进城市创新空间的理论研究做出贡献。

未来一段时间是加快转变超大特大城市发展方式的关键时期。《中华人民共和国国民经济和社会发展第十四个五年规划和2035年远景目标纲要》提出,优化提升超大特大城市中心城区功能,增强全球资源配置、科技创新策源等功能。在后疫情时代,恢复发展是国家经济工作的重心,依靠创新培育壮大发展新动能是稳定经济增长的重要方式。从扩大内需的角度来看,也要求创造新的消费场景、打造城市新空间,以创新驱动、高质量供给引领和创造新需求。在这种背景下,提升创新空间布局与品质营造,培育壮大多层次的创新网络成为超大特大城市创新发展的必然选择。

基于此,本书以武汉市为例,试图探讨城市内部创新空间与创新网络的特征,以及隐藏在形态背后的地理集聚与网络集聚的耦合关系。全书共分为七章。其中,第1章为绪论,介绍了相关研究进展、内容框架与数据方法等内容;第2章为理论基础,阐述了地理集聚与网络集聚的关系,以及创新空间与创新网络的互动;第3章基于地理集聚视角,研究了城市创新空间的特征与形成机制;第4章基于网络集聚视角,研究了城市创新网络的特征与形成机制;第5章则聚焦地理集聚与网络集聚的关系,探讨了创新集聚区的地理—网络集聚耦合类型与形成机制;第6章提出了不同类型创新空间的优化策略;第7章总结全文并进行展望。

本书是在本人博士学位论文基础上深化和完善而成的。因笔者知识所限,加之时间限制,本书如有不妥之处,敬请广大读者批评指正。此外,书中可能出现的学术错误,也应归因于笔者本人。

聂晶鑫

目录

总序
前言

1 绪论 ... 001
1.1 研究背景 ... 001
1.1.1 空间流动性的增强加速了全球创新空间格局的重构 ... 001
1.1.2 我国创新驱动发展战略的深入实施对城市科技创新提出更高要求 ... 001
1.1.3 创新空间的布局调整成为大城市普遍面临的新挑战 ... 002
1.2 核心概念与研究对象 ... 003
1.2.1 核心概念 ... 003
1.2.2 研究对象 ... 008
1.3 研究意义 ... 012
1.3.1 理论意义 ... 012
1.3.2 实践意义 ... 013
1.4 内容框架 ... 013
1.4.1 研究框架 ... 013
1.4.2 研究内容 ... 013

2 基础理论与研究进展 ... 016
2.1 地理集聚、网络集聚及其耦合 ... 016
2.1.1 关于集聚的理论梳理 ... 016
2.1.2 耦合及耦合理论的内涵 ... 018
2.1.3 地理—网络集聚耦合的理论基础 ... 019
2.1.4 地理与网络维度下创新空间的关系研究 ... 021
2.2 创新系统与创新活动的集聚 ... 024
2.2.1 区域创新系统理论 ... 024
2.2.2 集群与创新集群理论 ... 025
2.2.3 地理集聚视角下创新空间的特征与机制 ... 025
2.2.4 网络集聚视角下创新网络的特征与机制 ... 028
2.3 网络空间与创新空间的组织布局 ... 031
2.3.1 网络空间维度的理论转向 ... 031
2.3.2 创新活动的空间多维性 ... 035
2.3.3 创新资源空间配置与多维创新空间的形成 ... 038
2.3.4 地理—网络集聚耦合下的创新空间布局 ... 039

2.4 已有研究的综合评述 — 042
2.4.1 较为系统地解析了创新空间的地理集聚特征与规律，对创新微观地理集聚机制的实证有待深入拓展 — 042
2.4.2 关于创新网络的集聚结构、模式等的研究大量兴起，对网络集群形成机制的分析尚处于开端 — 042
2.4.3 地理集聚与网络集聚的关系成为新兴的研究热点，而二者之间的耦合及其机制仍未得到充分解答 — 043
2.4.4 优化城市创新空间布局的规划实践逐步涌现，但对双重创新集聚的耦合发展在实践中的应用思考略显不足 — 043

3 城市创新空间的特征与形成机制 — 044
3.1 数据处理与研究方法 — 044
3.1.1 数据来源 — 044
3.1.2 数据处理 — 046
3.1.3 核心指标 — 047
3.1.4 研究方法 — 047
3.2 创新主体的构成特征 — 049
3.2.1 主体规模结构 — 049
3.2.2 主体产出结构 — 050
3.3 创新主体的空间分布特征 — 051
3.3.1 空间位置分布特征 — 051
3.3.2 创新产出分布特征 — 052
3.4 创新集聚区的范围及组织模式 — 054
3.4.1 创新活动的空间聚类分析 — 054
3.4.2 创新集聚区的识别与分类 — 055
3.4.3 创新集聚区的组织模式 — 057
3.5 创新集聚区的影响因素及其形成机制 — 059
3.5.1 指标选取与计算 — 059
3.5.2 回归结果的分析 — 060
3.5.3 创新集聚区的形成机制 — 064

4 城市创新网络的特征与形成机制 — 068
4.1 数据处理与研究方法 — 068
4.1.1 数据来源 — 068
4.1.2 数据处理 — 068
4.1.3 核心指标 — 069
4.1.4 研究方法 — 069
4.2 创新网络主体的能级分布特征 — 070
4.2.1 主体能级位序结构 — 070

        4.2.2 主体能级空间分布 ... 071
        4.2.3 外部节点空间分布 ... 074
    4.3 创新网络联系的多维特征 ... 075
        4.3.1 关联关系的层级特征 ... 075
        4.3.2 关联关系的尺度特征 ... 078
    4.4 创新网络集群的识别与组织模式 ... 079
        4.4.1 创新网络的聚类分析 ... 079
        4.4.2 创新网络集群的识别与分类 ... 081
        4.4.3 创新网络集群的组织模式 ... 083
    4.5 创新网络集群的影响因素及其形成机制 ... 084
        4.5.1 指标选取与计算 ... 084
        4.5.2 回归结果分析 ... 086
        4.5.3 创新网络集群的形成机制 ... 089

5 **叠加网络作用的城市创新空间类型与形成机制** ... 093
    5.1 数据处理与研究方法 ... 093
        5.1.1 数据处理 ... 093
        5.1.2 研究方法 ... 093
    5.2 叠加网络作用的创新集聚区类型 ... 095
    5.3 不同类型创新集聚区的网络主体特征 ... 096
        5.3.1 集聚区中网络主体的数量分布特征 ... 096
        5.3.2 集聚区中网络主体(节点)的类型构成特征 ... 097
        5.3.3 集聚区中网络主体(节点)的多样性构成特征 ... 099
    5.4 不同类型创新集聚区的网络结构特征 ... 099
        5.4.1 集聚区中网络的关联尺度特征 ... 099
        5.4.2 集聚区中网络的多层结构特征 ... 100
    5.5 不同类型创新集聚区的网络组织模式特征 ... 103
        5.5.1 耦合型集聚区的组织模式特征 ... 103
        5.5.2 半耦合型集聚区的组织模式特征 ... 104
        5.5.3 分离型集聚区的组织模式特征 ... 105
    5.6 不同类型创新集聚区的形成机制 ... 106
        5.6.1 解释框架 ... 106
        5.6.2 实证分析 ... 110
        5.6.3 耦合型集聚区形成机制的案例分析:以环同济医学院集聚区为例 ... 115
        5.6.4 半耦合型集聚区形成机制的案例分析:以沌口集聚区为例 ... 117

5.6.5 分离型集聚区形成机制的案例分析：以高新二路集聚区为例 ... 120

6 城市创新空间的优化策略 ... 123
6.1 创新空间布局的问题与趋势 ... 123
6.1.1 创新空间布局的现状 ... 123
6.1.2 创新空间布局的问题 ... 124
6.1.3 创新空间的发展趋势 ... 125
6.1.4 创新活动的空间需求 ... 127
6.2 创新集聚区空间优化的策略框架 ... 129
6.2.1 引导要素与创新集聚区创新产出的相关性分析 ... 129
6.2.2 不同类型创新集聚区空间优化的规划对策 ... 130
6.3 耦合型集聚区的空间优化策略 ... 133
6.3.1 环同济医学院集聚区引导要素的分析 ... 133
6.3.2 环同济医学院集聚区的空间优化策略 ... 133
6.4 半耦合型集聚区的空间优化策略 ... 136
6.4.1 沌口集聚区引导要素分析 ... 136
6.4.2 沌口集聚区的空间优化策略 ... 137
6.5 分离型集聚区的空间优化策略 ... 140
6.5.1 高新二路集聚区引导要素分析 ... 140
6.5.2 高新二路集聚区的空间优化策略 ... 141

7 总结与展望 ... 144

参考文献 ... 145
图表来源 ... 163

1 绪论

1.1 研究背景

1.1.1 空间流动性的增强加速了全球创新空间格局的重构

大数据、第五代移动通信技术(5G)等新兴信息与通信技术(Information and Communication Technology,ICT)的出现,赋予了空间前所未有的流动性。这种外部环境的转变,为创新活动提供了全球性舞台。各国间日益加剧的科技竞争,推动创新活动借助"流动空间"加快全球蔓延,促成全球创新网络(Global Innovation Network,GIN)的组织形态浮现。在地理集聚作用之外,依靠网络流所获得的外部性收益同样影响着创新空间的发展与布局,开辟了创新空间的全球—地方互动式发展的新局面。

科技创新是第一动力,在知识经济时代对经济社会发挥着举足轻重的作用。著名经济地理学家哈拉尔德·巴塞尔特(Harald Bathelt)教授提出"全球管道—本地蜂鸣"的理论模型,强调产业集群应依托"全球管道"融入国际创新网络,有效利用知识流动推进"全球—地方"互动,从而实现向更高层级的战略升级(郑准等,2021)。世界知识产权组织(World Intellectual Property Organization,WIPO)自2016年起开始关注全球科学技术集群,其研究结果表明,全球知识创新活动的频率正在不断提升,"本地热点—全球网络"的特征十分显著。日本文部科学省较早发布的《2010年区域创新集群计划》提出了知识集群的概念,从知识角度展开对创新集群的引导,将集群分为全球型与地方型。以上分析表明,创新空间显现出"全球—地方化"的趋势。那么,创新活动的双重集聚特征同"全球管道—本地蜂鸣"理论间是否存在差距?回答这个问题有必要从双重集聚视角充分发掘创新空间的特征,探讨引导创新空间迈向高质量发展的路径。

1.1.2 我国创新驱动发展战略的深入实施对城市科技创新提出更高要求

"十四五"以来,中国开启了全面建设社会主义现代化国家的新征程,创新在现代化建设全局中的核心地位得到确定。在五大新发展理念的指引下,科技创新是支撑双循环新发展格局、塑造国家发展新优势的核心领域,是今后城市建设的重要工作。加强国家战略科技力量、提升创新活动水平居创新体系中的基础位置,是实现创新驱动发展基本且关键的环节。

整体上,中国已经获得了一定的创新优势。数据表明,2022 年中国的全球创新指数(Global Innovation Index,GII)排名居世界第 11 位,较 2011 年提升 18 位;全球百大科学技术集群数量有 21 个,与美国齐平,较 2017 年增加 14 个(WIPO,2022)。然而,中国的科技创新也面临着世界局势日渐复杂、贸易摩擦升级等外部压力,以及创新活动发展不充分、创新承载空间不足、融入全球创新网络程度有限等内部问题,创新能力与高质量发展的需求还有差距。

研究创新活动的集聚特征与形成机制,能够有效辅助解决地区竞争力提升的问题。世界银行提出了促进中国创新的三要素,即消除扭曲、加速扩散和促进发现,认为保障创新要素的流动、加强核心城市的创新效率是关键。从空间角度出发,加强对于创新活动的承载能力与响应能力,既有利于推动城市科技创新的高水平发展,也符合国家高质量发展的战略导向。

1.1.3 创新空间的布局调整成为大城市普遍面临的新挑战

为适应经济发展模式转型、释放全社会的创新创造潜能,我国城市纷纷开启以提升创新基础实力为目标、以整合城市与区域创新资源为手段的新一轮空间重组。一方面,大城市开始整合内部的潜力创新空间、优化创新资源空间配置,重点加强高等教育、基础研究等与基础创新密切关联的设施建设,谋求成为区域科技创新的中心,常见的空间载体包括知识城、科学城、科技城等,如北京提出"三城一区"的总体创新空间格局,深圳市建设的光明科学城等。另一方面,各大城市开始重视区域创新网络构建,有意识地引导区域创新空间组织,致力于组建参与全球知识流动与创新资源配置的大平台,具有代表性的是长三角创新共同体的建设,这成为区域一体化发展的重要推力。当前实践中有两个突出问题:一是空间组织遵循大板块功能空间布局的惯性,对于中微观尺度的创新空间组织缺少足够关注;二是强调创新资源在地理空间集中配置的思维定式,对于创新网络等柔性合作组织的利用不足。当前,创新空间的发展正与创新网络密切融合叠加,对此的分析将为城市创新空间优化提供理论基础。

本书将在现有城市创新理论研究和地方实践的基础之上,从地理—网络集聚的角度综合认识创新活动在地理空间与网络空间的分布特征,识别城市创新空间与创新网络的形态及其形成机制;总结创新空间地理—网络集聚耦合的特征及其形成机制,基于提升创新效率的预期目标提出相应的空间优化策略;以期完善城市创新空间布局的理论,并为武汉等城市的相关实践提供借鉴。

1.2 核心概念与研究对象

1.2.1 核心概念

1) 创新与知识

(1) 创新的定义

有关创新定义的观点有很多,由经济学家熊彼特(2015)提出的定义具有标志性。他将创新定义为生产新组合,指采用一种不同的方式将生产材料与力量组合起来。这样的一种"创造性破坏"正是经济发展的动力。其他学者也给出了不同的观点。例如,美国学者曼斯菲尔德认为"一项发明,当它被首次应用时,可以称之为技术创新";美国学者德鲁克(2009)则认为创新是企业家的特殊工具,通过应用创新,企业家把变化作为不同业务与服务的机遇;经济合作与发展组织等(OECD et al.,2005)将各种创新定义归纳为以下叙述:创新是指在商业活动、工作组织或外部关系中推行全新的或有显著改进的产品(商品或服务)或过程、新的营销方式或新的组织形式。不难发现,这些定义强调了创新本质是一种经济活动。严格来说,创新是从新思想(创意)的产生、研究、开发、试制、制造到首次商业化的全过程,即创新应是新技术或者新发明的商业应用(Feldman,2002)。

(2) 知识与创新的关系

知识特性决定了创新活动的组织形式。知识是在人类对物质与精神世界的探索过程中积累所得。这意味着知识可以无限增长,从而明显区别于其他的生产要素。知识通过文字、图案、视频、实物等形式记录并存储,易于传递以及重新利用,并以各种各样的方式被组合及重新组合(Storper,2013),创造出新的知识。如今,知识成为企业,特别是知识密集型企业的重要生产要素,对知识的战略性组合及持续性创造成为区域的核心竞争优势所在(Vissers et al.,2013)。知识的创造不局限于机构内部,而是在相当程度上得益于不同机构、不同地点之间的合作与交流。这种跨机构、跨空间的合作伴随着知识的流动与创造,也是创新网络的结网过程。因此,知识流动是创新网络形成的核心方式(朱贻文等,2017)。

知识的内在异质性决定了其类型上的差异。英国哲学家波兰尼(2007)按照知识的可编码程度将其划分为隐性知识(tacit knowledge)和显性知识(explicit knowledge)。在此基础上,世界经济合作与发展组织(Organization for Economic Cooperation and Development,OECD)按照知识所表达的内容将其分为"是什么"(know-what)、"为什么"(know-why)、"怎么做"(know-how)和"知道是谁"(know-who)四类。其中,前两类属于显性知识,后两类属于隐性知识。显性知识是指可用文字、图像、符号、数字公式来编码,以印刷或电子方式来记载,可供人们交流的结构化知识,如原理、工艺、方法等。可编码的特性允许显性知识进行远距离传播,无需地理邻近的条件。隐性知识则是难以用文字语言清晰表达、具有高度个性化特征的知识,体现为个人经验、技术诀窍、组织惯例等。它往往需要通过长时间的观察模仿、体验领悟、实践练习来获得,这常常伴随着面对面的人际交流。隐性知识的不可编码性决定了其难以实现远距离流动,而依赖于地理邻近来溢出。即使在信息与通信技术(ICT)足够发达的今天,这一约束仍未改变。隐性知识对于创新活动的进行至为关键(Storper et al.,2004),决定了地理距离在知识创新活动中的重要性。本地知识的不足,迫使创新主体从外部寻找所需知识,这往往借助创新网络来实现。

知识,特别是隐性知识的流动特性,决定了创新活动仍在很大程度上依赖于地理距离。而本地知识的不足与互联网技术的发展,也使得远距离的知识流动流行起来。因此,当今的创新活动既活跃于本地,又广泛地穿行于全球链接中,呈现出显著的"全球—本地"形态。创新既关乎知识流动又关乎知识新价值的产生(胡彩梅,2013),这种流动包括知识溢出、知识扩散与知识转移三种方式,其中研发合作是知识溢出的形式之一,也是当前研究知识流动的常见方法(陈艳萍,2019)。

以狭义概念而论,创新很难被直接追踪与测度,因为识别每一个创意或发明的过程,并最终判断它是否创造了商业价值几乎不可能(Funk,2018)。基于此,学术界往往采用记录创新过程中的知识或技术流动来间接反映创新活动,常用介质有专利文件(马双等,2016;孙瑜康等,2017b;王俊松等,2017)、学术论文(马海涛,2020;高爽等,2019)等。在更精准的创新测度方法出现之前,这些数据仍是刻画知识创新最为合适与常用的数据(段德忠等,2015)。本书在测度不同产业集群内部的创新合作关系时,更侧重于知识创新活动。

2)知识创新活动

以产生创新成果为最终目的的相关活动统称为创新活动。城市中的创新活动具有多种类型,包括知识创新活动、技术研发活动、设计中试活动以及经营服务创新活动。在这一系列活动的共同促成下,创新最终被推向市场,满足客户需求。创新活动并不必然创造出创新成果,但创新活动越密集、越活跃,创新出现的概率也越大。因此,创新活动的活跃程度便成为衡量城市预期创新成果的重要指标。这一点被较多研究接纳,常见指标包括反映知识创新活动的论文数据(覃柳婷等,2020)、反映技术创新的专利数据(浩飞龙等,2020),以及反映服务创新的评价量表(简兆权等,2020)等。

知识创新活动一般指通过基础研究、应用研究和开发研究创造新知识的过程(陶映雪,2014)。本书关注知识创新活动,因为相较于技术创新而言,它是创新链的前端,承担着前瞻引领与探索的功能,对于区域创新发展发挥着基础作用,与技术创新同样重要。然而,现有研究对知识创新活动的关注不足,这为本书分析武汉市内制造业领域的知识创新活动提供了契机。

围绕两种集聚路径,衍生出多个概念(图1-1)。譬如,创新主体是实施、安排创新活动的行为主体,其特性往往是影响创新活动发生的因素之一。创新空间是创新活动分布、创新主体组织的重要方式,创新主体在地理空间形成地理集聚现象,产生"集聚区"的中观地域载体形态。与之对应,创新主体在创新网络中形成网络集聚现象,涌现出"网络集群"的载体形态。二者在时空上的叠加造就了当下复杂的创新生态系统。

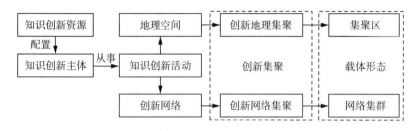

图1-1 研究中核心概念间的关系

3) 创新主体

创新主体是参与创新过程中的各种社会机构或实体组织。目前主流观点认为创新共同体应包括政府、企业、高校、科研机构、金融机构、中介机构六类。其中,企业、高校与科研机构被看作最为核心的创新主体。在创新理论建立之初,熊彼特主要将富有冒险精神的企业家视为创新主体,因为企业直接进行生产活动并组织新的要素组合。显然,这个范围过于狭窄。在第二次世界大战期间,美国实施的"曼哈顿"计划开启了"产学研"合作的序幕(朱桂龙等,2015)。高校与科研机构在人才培养、技术与知识储备方面的优势得到重视,成为现代创新活动的重要参与者。在随后的1995年,埃茨科维兹(Etzkowitz et al.,1995)首次提出用"三螺旋模型"来分析政府、产业和大学之间的新型互动关系。由此,政府在创新活动中的角色得到重视。政府不仅能够作为消费者刺激创新,而且能够作为创新倡导者改善整个社会的创新环境。经济合作与发展组织(OECD)进一步提出"知识三角"的政策框架,呼吁将高校和科研机构视为推动社会经济发展的重要引擎。此后,更多创新相关的主体被纳入进来。例如,金融机构能够提供前期研发资金,为创新活动带来更好的投融资环境;知识产权、创新孵化、技术交易等中介机构能够加强信息沟通、资源流动、合作互信与创新资源配置,是其他创新主体间的衔接纽带。至此,"产学研政金介"六大创新主体结构基本确定(陈军等,2017)。此外,也有学者将创新产品用户纳入创新体系之中,组成第七个创新主体(王萍萍,2019)。

在此,根据研究实际对六大创新主体的分类进行适当调整。医院既属于经营实体,又兼有教学、科研的作用,单独列为一类,而将"金""介"等社会机构以及其他社会组织归属为其他机构。按照主体属性,将创新主体划分为政府机构、企业、研究机构、医院、高等院校、其他机构六类;根据主体的资金来源,将创新主体划分为国资机构、民资机构与外(合)资机构三类。

4) 创新资源

创新资源是用于创新活动、能为科技创新提供保障的各种有形资源与无形资源的总称(王雪原,2015),包含人才资源、金融资源、信息资源、权威资源、人文资源和基础设施等(谭清美,2004)。创新资源是创新配置的客体,它经用途分配流入不同的创新主体,是创新主体开展创新活动的物质基础,最终影响区域创新能力的塑造。

5) 创新网络

1991年,"创新网络"的概念首次出现,这种新的创新组织形式快速得到学术界关注。创新网络一般认为是企业、高校等创新主体以创新为目标而密切合作所形成的一种互动网络,是城市创新系统的子系统。从定义不难看出,创新网络的基本组成包括两个部分:创新主体、主体间的合作关系。创新网络的典型特征为多种网络主体、主体间正式与非正式的联系、以创新为目的的互惠(吕拉昌等,2017)。对创新网络的认知经历了从虚到实、从静态到动态的过程。最初,创新网络被视为一种制度安排与关系集合(Freeman,1991)。王缉慈等(2001)进一步指出,创新网络是创新所需要的"创新环境"的核心构成。网络分析技术的出现,让这种互动关系与互惠方式从言语中描述的系统变为可操作的实体网络。演化经济地理学理论在总结以往研究的基础上,提出创新网络是一个演化的过程(Clark et al.,2018)。从空间角度出发,创新网络可被视为一种突破了本地知识黏性与隐性特性的限制,在全球—地方空间中管理知识基础的组织形式(Liu et al.,2013)。

创新网络涵盖从地方到全球的多个尺度(Bunnell et al.,2001),包括全球创新网络(Nepelski et al.,2018)、区域创新网络(李迎成,2019)、产业创新网络(叶琴等,2019)等。产业集群是创新的基本组织形式,深受已有研究的关注。这方面的研究对国内外的产业创新网络均有涉及,如上海产业技术创新战略联盟(Cao et al.,2019)、意大利曼图亚省的卡斯泰尔戈夫雷多袜子集群(Carli et al.,2018)、全球图片库产业(Panitz et al.,2017)等。

创新网络是创新主体在开展创新活动过程中通过关系邻近、技术邻近等非地理邻近集聚所产生的组织形态。本书关注武汉市的产业创新网络,网络节点既包含本地的各色创新主体,也涉及非本地的联系节点;网络中的联系反映了网络节点之间知识创新合作的紧密程度。

6) 创新地理集聚与创新网络集聚

"集聚"现象基于外部性效应产生,是经济学、经济地理学等学科关注的核心议题之一。马歇尔(Marshall)在20世纪初首先提出外部性的概念。一般而言,外部性是指经济主体的经济行为带给其他主体非市场性的、有利或不利的附带影响(萨缪尔森等,2013)。根据影响的不同,外部性可分为正外部性与负外部性。经济主体在空间集中或地理邻近过程中出现的外部性现象,被称作集聚外部性或者空间外部性(倪进峰,2018)。随着网络的崛起,网络外部性效应开始浮现,人们逐渐认识到集聚现象应分为两个部分:地理集聚与网络集聚。(知识)创新活动同样包括创新地理集聚与创新网络集聚两种集聚过程(王腾飞等,2020)。

(1) 创新地理集聚

地理集聚描述的是企业在地理上集聚,并由此产生收益增加或成本节约的现象。企业的集聚刺激了各类产业区的形成,并导致集群的出现。集聚经济包括三种类型:企业内部规模经济、地方化经济与城市化经济(Hoover,1936)。马歇尔(Marshall)将集聚经济归结于劳动力池、中间投入品共享和知识溢出三种外部性。杜兰特等(Duranton et al.,2004)进一步总结出共享、匹配和学习三大城市集聚的微观基础。马歇尔(Marshall)的这一观点被发展为马歇尔(MAR)外部性,强调专业化对于集聚的作用。此外,还存在雅各布斯(Jacobs)外部性与波特(Porter)外部性,前者强调产业多样化的角色,后者则认为竞争促进了集聚。不同的学术观点也引起了多样化(城市化经济)还是专业化(地方化经济)的争论(孙祥栋等,2016)。

本书所指的地理集聚是对于创新活动而言的,描述的是创新主体通过地理空间集聚获得创新外部性收益的现象。与传统工业对原材料、交通等要素的敏感不同,创新主体对隐性知识、人才与文化氛围更为敏感。同时,创新活动存在极大的不确定性,也迫使创新主体通过集聚来降低创新的不确定性(孙瑜康等,2017a)。创新地理集聚形成不同的空间载体形态,城市内部中观的创新空间载体被称为"创新集聚区",是创新资源集中、知识创新活动活跃的功能组团。

(2) 创新网络集聚

与地理集聚对应,网络集聚描述的是企业等主体通过网络关系在网络空间中集聚的现象(陆军等,2020)。公司通过紧密嵌入网络中的集群而获益,这种外部经济称之为网络外部性(Burger et al.,2016)。网络外部性根植于各类创新网络之中,极大地拓展了企业外部合作的范围,促进了全球管道(Bathelt et al.,2004)、全球集群网络(Bathelt et al.,2014)等的出现。作为一个新兴概念,网络集聚的机制讨论尚不充分。目前的主流观点是城市通过借用规模与借用功能的方式获取周边城市的外部效应,从而表现出更大的规模。另外,不同尺度的网络联系也将影响网络外部性的发挥(Meijers et al.,2016)。

本书所指的网络集聚,描述的是创新主体通过创新网络集聚获得创新外部性收益的现象。与创新地理集聚对地理邻近性更敏感不同,创新网络集聚对多维邻近性都有较好的敏感性。创新网络集聚的一般载体形态为网络集群(Bathelt et al.,2014),是由网络中互相密切联系的多元创新主体共同组成的。

(3) 创新地理集聚与创新网络集聚的关系

创新地理集聚与创新网络集聚是一种辩证统一的关系,二者相互促进、耦合发展,共同提升创新活动的综合外部性。双方都基于知识与技术这类创新要素,在产生的过程中也都涉及知识与技术的学习、分享、交换、组合等溢出方式。但是,二者之间也有诸多区别(表1-1)。从直观上看,创新地理集聚是实体的创新空间,与创新网络存在形态上的虚实对比。支撑两种集聚形式的关键要素也不相同。创新地理集聚更加关注创新规模与创新密度,因为这直接关系着地理集聚能否形成,以及集聚效应向外辐射的范围。相反,创新网络集聚更加关注创新流量与网络位置,这决定了创新节点能否从创新网络中获益。二者在产业组织、空间经济与结构几何方面也存在区别,这些区别是由地理空间与网络空间之间的差异造成的,具体将在相关理论基础上详细阐述。

表1-1 集聚外部性与网络外部性的差异

视角	特性	创新地理集聚	创新网络集聚
组织形态	虚实性	城市创新空间(实)	城市创新网络(虚)
支撑要素	本质要素	知识与技术	
	特征指标	创新规模与密度	创新流、网络位置
	要素使用	学习、分享、交换、组合等溢出	
创新组织	排他性	公共(市场)利益	集团利益
空间经济	距离衰减性	重力形式的互动	岛群经济形式的互动
结构几何	组织逻辑	投影几何,如欧几里得几何	拓扑几何

基于本书所定义的创新活动概念,创新集聚指的是由多种创新主体参与的、以科技论文发表为表征的、集中于制造业领域中的创新活动的一种行为特征,包括地理集聚与网络集聚两个相关联的过程,呈现出地理—网络集聚的复合态。多样化的创新集聚导致创新活动的载体形式出现显著转变。分析创新活动的多维集聚特征与机制,对于优化创新集聚区的布局具有应用价值。

1.2.2 研究对象

武汉市是我国知名科教城市,各类创新资源丰富,尤其是在知识创新领域的优势明显,能够在更大程度上反映我国城市创新空间的发展状况,从而更好地服务于研究目标。值得注意的是,并非所有知识创新活动与产业技术发展都具有密切联系,因此本书进一步选取了武汉市三大制造业领域(汽车产业、光电信息产业、大健康产业)进行具体的研究分析。在武汉市2019年11月发布的《武汉市人民政府关于推进重点产业高质量发展的意见》中,明确提出打造光电子信息、汽车及零部件、生物医药及医疗器械三大世界级产业集群。这三大产业在武汉市存在深厚的产业基础,集聚着大量的创新资源,是武汉市创新活动的核心组成部分,能够有效代表武汉市知识创新活动的整体面貌。

1) 武汉市的基本概况

作为国家中心城市之一,武汉市的科教、产业等领域在全国乃至全球都保持一定的竞争力。2021年,武汉市拥有常住人口1 364.89万人,城镇常住人口1 154.15万人;国内生产总值(Gross Domestic Product,GDP)为17 716.76亿元,位居全国第8位,其中高新技术产业增加值达4 786.1亿元,高新技术产业增加值占国内生产总值(GDP)的27.0%。显然,高新技术产业已经成为武汉市社会经济发展的新动能。2013年以来,武汉市的创新发展保持着高速增长,多项科技创新数据在15个副省级城市中排名靠前。例如,2013—2019年,武汉市高新技术企业数量增长超过了3倍,技术合同成交额数量、专利申请量、专利授权量也都有超过2倍的增长。这表明,武汉市正处于创新发展的爆发期,大量创新主体的出现不断形成新的创新空间与创新网络。

2) 武汉市的创新基础

可以从高校数量、创新平台、人才政策与产业政策等方面解读武汉市创新发展的优势。

首先,多层次高校群体直接带动了创新活动的活跃程度。武汉市2021年的统计数据显示,该市拥有普通高等院校83所,包括7所"双一流"高校;在校大学生110.56万人,在校研究生18.27万人。《自然》(*Nature*)杂志的"2021年自然指数—科研城市"榜单将武汉市列为全球第15名、中国第5名,表明其知识创新实力已然居世界第一方阵。

其次,多样化创新平台为创新合作提供了优质场所。武汉市拥有武汉东湖新技术开发区(简称"东湖高新区")、武汉经济技术开发区(简称"武汉经开区")、武汉临空港经济技术开发区(简称"临空经开区")以及3个保税区等国家级开发区,另有12个省级开发区。各园区还划分出若干专业化园区,配之以相应的税收优惠、专业服务、创新奖励、人才激励等优惠政策,为构建开放式创新生态系统提供了硬件支撑。

再次,多元化创新政策为吸引人才、集中科创资源提供了有力支撑。2017年,武汉市启动了"百万大学生留汉就业创业工程",掀起了人才争夺的热潮。其后,武汉市成立了招才局、科技成果转化局,初步建立起支撑创新发展的制度体系。在多种措施下,目前武汉市形成了包括科研平台、创新创业服务平台、高新技术企业等在内的创新平台体系,为城市创新生态系统的建立奠定了良好基础。

最后,武汉市形成了空间集中化、产业集群化的创新空间布局方式。近年来密集发布相关产业政策,布局创新基础设施,推动产业升级,重点打造三个世界级产业集群。在载体建设方面,规划建设光谷科创大走廊、东湖科学城等区域创新空间,注重引导区域创新资源的合理集聚。稍显不足的是,与其他城市类似,武汉市的创新空间战略较少考虑创新网络的作用,缺乏利用网络集聚效应提升创新空间绩效的思考。未来,创新空间应朝着地理集聚与网络集聚综合效应最大化的方向发展。探索叠加了网络作用的武汉市创新空间的分布特征与形成机制,将为提升创新空间质量提供理论基础,为城市创新空间的布局优化提供思路。

3) 武汉市的汽车产业集群

汽车产业按产业链环节可分为汽车制造业、汽车批发零售业、汽车服务业三个门类,是资本密集、技术密集且高度整合的综合产业。产值规模大、产业关联效应大、产业集中度高等特征(杨续,2007)使得汽车产业成为不少国家与城市的支柱产业。汽车及零部件产业属于汽车制造业,一般指机动车辆及其车身的各种零配件的制造。其中,新能源汽车制造是汽车行业乃至中国制造业未来发展的重要方向之一。

武汉市是中国六大区域汽车产业集群之一——中部集群的核心部分(赵梓渝等,2021),是第二大国有车企东风汽车集团有限公司的总部所在地。2018年,武汉市汽车产业总产值达4 000亿元,连续9年成为全市第一大产业。目前,武汉市拥有上汽通用汽车有限公司、东风本田汽车有限公司等15家整车制造企业,以及包括法雷奥集团、格特拉克集团、上海纳铁福传动系统有限公司等全球知名汽车零部件厂商在内的大量配套加工企业,产业基础良好。这些企业多数落户武汉经济技术开发区,位于江夏区的上汽通用汽车有限公司武汉分公司周围也集聚了一定数量的企业。此外,与汽车产业有关的科教资源也十分丰富,既有武汉理工大学汽车工程学院、东风汽车公司高级技工学校等各类院校,也有东风汽车集团有限公司技术中心、康明斯东亚研发新技术中心等研发机构。这些机构与大量的企业共同支撑起一个年产量百万辆以上的汽车产业创新集群。2016年,武汉市获批国家新能源与智能网联汽车基地,迈出了在汽车产业的智能化、电动化转型的重要一步。在行业技术转型升级的重要关口,调整创新资源的空间配置将有利于强化产业创新集聚能力、促进汽车产业技术的升级。

4) 武汉市的光电子信息产业集群

光电子产业建立于光子学与电子学的基础上,通常包括光电子材料与元件、光学器材、光信息、光通信、激光器与激光应用五大类(刘颂豪,2001)。光电子产业具有高新技术产业共有的知识密集、高投资与高风险、技术周期短与战略地位高等特征。该产业是《中国制造2025》中所提倡的关键领域。武汉市是中国光电子信息技术产业发展最重要的城市之一。根据《武汉市加快光电子信息产业集聚发展规划纲要(2014—2020年)》与《武汉东湖新技术开发区加快发展光电子信息产业实施方案》的界定,武汉市光电子信息产业包括光电子、信息网络、软件与服务外包、数字创意与消费电子等产业。本书将遵循这一范围来筛选武汉市光电子信息产业所属的创新主体。

作为武汉市的又一核心产业,光电子信息产业经过多年的发展,在技术研发、行业标准制定等方面形成了一定的行业优势。2012年,武汉光电子信息产业实现产值2 000多亿元。其中,东湖高新区是国内第一个国家光电子产业基地、光通信的发源地,是当前国内最大的光纤光缆生产基地,光纤光缆生产规模位列全球第一。该区同时拥有集成电路、新型显示器件、下一代信息网络三个国家级战略性新兴产业集群;集中了中国信息通信科技集团有限公司、长飞光纤光缆股份有限公司、长江存储科技有限责任公司、武汉新芯集成电路股份有限公司、富士康科技集团(武汉)工业园、华为海思光电子有限公司、武汉华星光电技术有限公司、武汉天马微电子有限公司等大型企业。此外,与光电子信息产业相关的创新资源包括华中科技大学、武汉大学等高校资源,武汉邮电科学研究院、武汉数字工程研究所(709所)、中国舰船研究设计中心(701所)等科研机构,以及武汉光电国家研究中心、国家信息光电子创新中心等国家级研究平台,创新资源丰富。现有光电子信息企业主要位于东湖高新区的光电子产业园,并在同样位于东湖高新区内的未来科技城规划有新的产业园。

5) 武汉市的大健康产业集群

健康问题成为21世纪人类关注的重要话题,健康需求的提升刺激了健康产业的繁荣。随着《"健康中国2030"规划纲要》的推出,发展健康产业上升为国策。健康产业是以医疗卫生、生物技术与生命科学等技术为基础,提供以维护、改善和促进健康为直接或最终用途的各种产品或服务的行业集合(张毓辉等,2017),包括健康产品的研发制造和应用、健康服务两大部分(杨玲等,2022)。对于健康产业细分领域的划分则没有统一标准。武汉市先后发布了《武汉市加快电子信息与生物健康产业集聚发展规划纲要(2014—2020年)》和《武汉市大健康产业发展规划(2019—2035年)》,将健康产业确定为生物医药、医疗器械、医药流通、生物农业、健康服务五大类。本书将依据这一分类界定武汉市大健康产业的创新主体。

武汉市在大健康领域,尤其是生物医药及医疗器械领域形成了显著优势。2007年,东湖高新区获批为国家生物产业基地;2013年,武汉生物产业又被国家发展和改革委员会列为国家战略性新兴产业集群发展试点。目前,武汉市生物医药产业产值超过1 000亿元。生物产业基地常年居国家生物产业园区排行榜前列,是全国领先的生物产业集群,汇聚了人福医药有限公司、华大基因科技有限公司、禾元生物科技股份有限公司、海特生物制药股份有限公司、明德生物科技股份有限公司等核心企业。此外,还集中了大量的科创资源,如华中科技大学、武汉大学、华中农业大学等高校,武汉生物技术研究院、湖北省农业科学院、武汉国家生物安全(四级)实验室等科研平台,同济医院、协和医院等综合医院,为大健康产业的发展提供了强有力的知识与技术支撑。现有的生物医药企业主要集中在光谷生物城。《武汉市大健康产业发展规划(2019—2035年)》提出,未来要形成"一城一园三区"的产业格局。其中,"一城"为光谷生物城;"一园"为光谷南大健康产业园;"三区"则包括汉阳大健康产业发展区、环同济—协和国家医疗服务区和武汉长江新城国际医学创新区。

6) 研究范围

城市创新活动早已随信息与通信技术(ICT)的发展而深度嵌入全球

创新网络中。因此,有必要采用跨尺度的综合视角,兼顾本地力量作用的地理空间与非本地力量作用的网络空间两个维度来重新审视创新活动。本书将武汉市市域范围设定为本地尺度,并以湖北省为省级尺度、以中国为国家尺度、以世界为全球尺度,共划分为"省级—国家—全球"三个层次的非本地尺度(图1-2)。武汉市本地尺度中又包含诸多的开发区与特色产业园区。各类创新要素在不同尺度上的组合与作用,推动着新时代创新功能的组织,影响了原有创新空间的形态与绩效。

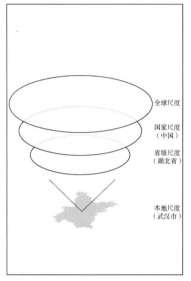

(a) 多尺度空间结构　　　(b) 武汉市市域范围及产业园区分布

图1-2　研究范围

各类分析中采用的研究尺度将视具体研究内容的需求而定。譬如,第3章从地理集聚视角分析武汉市创新空间诸特征时,研究视野聚焦于本地尺度;第4章从网络集聚视角分析武汉市创新网络诸特征时,研究视野扩展至非本地的多尺度空间;第5章分析叠加了网络作用下创新空间的类型特征;第6章提出了空间优化策略部分,均以本地尺度的创新集聚区为主,涉及多尺度空间。

1.3　研究意义

1.3.1　理论意义

本书分析了创新活动的双重集聚特征与形成机制,揭示了叠加网络作用的武汉市创新集聚区的组织类型与形成机制,丰富了城市创新地理空间研究。创新作为经济发展的核心动力,受到多个学科的关注。除了传统的地理集聚视角外,近年学术界又开拓了基于网络视角分析创新活动的新领域,但相关研究尚不成熟。我国处于创新转型的关键期,创新活动的空间实践亟须更多的理论支持。越来越多的研究表明,创新活动正在向地理空间之外的多维空间拓展,有必要针对中国城市创新空间的特征进行深入探讨。本书旨在从微观尺度入手,以著名科教城市武汉市为例,揭示其创新活动在地理空间与网络空间中的集聚特征与机制,发掘不同耦合模式的特征与形成机制,从而有助于进一步理解创新空间的组织规律,丰富城市创新研究的相关理论。

1.3.2 实践意义

结合"柔性空间"理论提出了有利于地理集聚与网络集聚综合效应的创新集聚区的空间优化策略,为武汉市创新空间优化提供决策支撑。在"创新驱动"的经济发展转型要求下,营造高效创新空间是大城市的一项迫切任务。目前,不少城市仍旧以单一的地理集聚逻辑来规划创新空间,试图通过高密度创新资源的配置来刺激创新活动的繁荣。然而,国内外的实践经验表明,传统的园区化组织模式已难以适应当今创新活动的高层次发展需求,基于社会互动的创新网络构建不容忽视。因此,未来的创新空间配置需要耦合地理与网络集聚效应。"柔性空间"理论关注规划中的关系空间等新空间,致力于采用不同于正式规划方式的柔性手段来解决新空间概念下的发展问题。本书以提升城市创新效率为目标,从地理空间与网络空间之间耦合发展的角度,依据创新集聚特征合理配置创新资源、重组城市空间,为城市创新空间的优化提供科学的决策支持。

1.4 内容框架

1.4.1 研究框架

本书按照"单维度问题分析—多维度问题分析—问题解决"的思路构建四大板块:第一板块聚焦地理集聚视角的城市创新空间研究;第二板块聚焦网络集聚视角的城市创新网络研究;第三板块综合前两个板块内容,聚焦地理—网络集聚耦合视角下城市创新空间的特征研究;第四板块在上述分析的基础上提出了空间优化的策略。技术路线如图 1-3 所示。

1.4.2 研究内容

1) 城市创新空间的集聚特征与形成机制分析

以武汉市三大重点产业的知识创新活动为研究对象,基于 2016—2018 年中外论文发表数据,根据活动主体的空间位置与属性,采用核密度

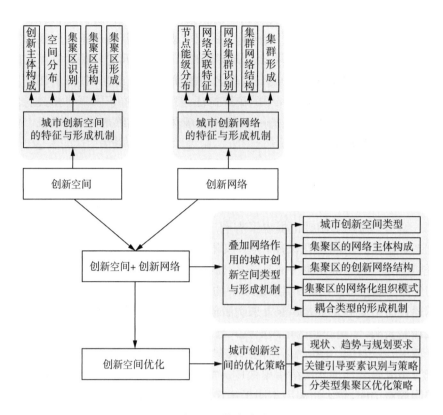

图 1-3 技术路线

分析等地理空间分析方法,识别武汉市创新活动分布的热点地区;采用空间聚类算法,识别创新集聚区,并总结其组织模式与空间结构。进一步从创新集聚区的形成机制入手,结合定量分析与定性演绎,建立解释框架。重点考虑建成环境、创新环境、产业环境、政策环境与社会环境等方面的因素对空间载体形成的影响。

2) 城市创新网络的集聚特征与形成机制分析

从网络集聚角度出发,根据武汉市创新活动中创新主体间的合作关系所构成的知识创新网络,通过网络分析方法分析网络中的节点能级分布、网络关系特征;采用社区发现算法,识别创新网络中的创新网络集群,并总结其组织模式与集群间的网络结构。进一步从创新网络集群的形成机制入手,考虑网络集聚发生过程中所需的各项条件,分析多尺度关系、地理环境、借用规模、借用功能等因素对网络集群形成的影响。

3) 城市创新集聚区的地理—网络集聚耦合类型与形成机制分析

综合前两个部分的研究内容,分析叠加了网络作用的武汉市创新空间的类型,讨论不同耦合类型的形成机制。本书总结了地理—网络集聚耦合发展的理论基础,划分了耦合类型,并分析了不同耦合类型创新集聚区的网络主体构成特征、创新网络结构特征与创新网络的组织模式,最后从政府与市场在塑造创新载体中的不同作用组合角度总结不同耦合类型集聚区的形成机制。

4）地理—网络集聚耦合下城市创新集聚区的空间优化策略

在总结武汉市创新空间布局的现状、全球创新活动发展趋势、相关规划要求的基础之上，以提升创新效率为目标导向，识别关键的引导要素，提出武汉市创新集聚区的空间优化策略。引入"柔性空间"理论，发挥柔性机制在创新空间优化中的作用，针对不同类型创新集聚区分别提出空间优化途径。

2 基础理论与研究进展

2.1 地理集聚、网络集聚及其耦合

2.1.1 关于集聚的理论梳理

产业集聚是经济学中一个历史悠久的经典话题。早在1890年,马歇尔(Marshall)就开始关注工业集聚的现象,并用"产业区"的概念来描述由于溢出效应造成周边企业获益的外部性问题。20世纪后半叶"第三意大利"的成功,让越来越多的学者关注该议题。

1) 地理集聚理论

从新古典区位理论起,相继有多种理论试图解释集聚现象背后的原因。德国经济学家建立的古典区位理论,运用地租学说和比较成本学说最早解释了要素供给、市场需求等对产业区位的作用。如杜能(Thünen)的"农业区位论"与韦伯(Weber)的"工业区位论"。此后市场学派的克里斯塔勒(Christaller)提出了"中心地理论",该理论成为经典的区位分析模型,廖什(Losch)在此基础上进一步发展形成了市场区位理论。沿着马歇尔对于产业集聚源自"劳动力共享、中间投入品联系与知识外溢"的学说,城市经济学家更深入地考察了集聚的形式与机制。罗默(Romer)、阿罗(Arrow)等提出的新增长理论肯定了产业内部不同企业之间的相互作用促进集聚的观点。如胡佛(Hoover,1936)提出集聚经济包括三种类型,即企业内部规模经济、行业内部企业的集聚、多行业企业的集聚。雅各布斯(Jacobs,1969)与波特(Porter)分别从城市产业的多样性与集群的外部性竞争角度提出了外部性的来源。格莱泽等(Glaeser et al.,1992)将其总结为马歇尔—阿罗—罗默外部性、雅各布斯外部性和波特外部性。有学者综合了已有研究,提出了集聚经济的"共享、匹配和学习"三大机制(Duranton et al.,2004)。

此外,还有多个学派从不同角度解释集聚经济。新经济地理学将空间要素引入经济模型,从规模收益递增和不完全竞争的假设出发,提出外部规模经济和运输成本的相互作用是解释区域产业集聚和区域"中心—边缘"形成的关键。新经济地理学理论则关注企业与个体的异质性,认为企

业的异质性区位选择可能引发空间选择(spatial selection)效应和空间类分(spatial sorting)效应(张可云等,2020)。演化经济学理论超越地理邻近视角,从技术关联的视角提出知识外部性更可能发生在具有技术关联性的企业内部,并将集聚经济中的多样性细化为"相关多样性"与"无关多样性"(Boschma et al.,2010;Fritsch et al.,2018)。过度的地理集聚可能造成通勤时间变长(Alonso,1964)、要素成本上升(Krugman,1996)、环境恶化等负面影响,抑制地区的生产与创新效率。

尽管学术界对集聚经济的研究长期聚焦于集聚外部性视角,但是仍存在一些问题尚未解决。首先,地理集聚并不一定会触发集聚外部性。集聚外部性形成的条件是企业间的共区位(co-location),源自某种相互作用。由于某些资源、要素、优惠政策等因素而偶然聚集起来的企业,是难以形成外部性效应的。其次,集聚外部性的边界未必局限于特定区域中。全球化极大地拓展了产业地域分工,多数城市都在某种程度上依赖其他城市(McCann et al.,2011)。城市的发展越来越依赖于建立并维持与不同距离的城市之间网络关系的能力(Camagni et al.,2017;邵朝对等,2018;林柄全等,2018)。传统集聚经济理论将集聚外部性局限于具体的地理空间之内,忽视了网络联系所带来的外部裨益。当"关系"与"网络"理论迅速崛起,呼吁关注网络对于集聚作用的声量越来越高。

2) 网络集聚理论

"流动空间"的流行带动了大量城市网络的研究,引导人们思索网络对于城市与区域发展的外部效应。目前,关于网络集聚的讨论仍处于探索与讨论阶段,尚未形成较为公认的理论体系。但毋庸置疑的是,城市网络已经成为认识城市与区域发展的重要视角,网络集聚正重塑集聚外部性的地理基础。

卡佩拉(Capello,2000)正式提出"网络外部性"的概念,使得网络集聚研究逐步壮大。大城市周边的小城市不一定借助网络获益,还存在由于竞争、人才流失等原因而发展受限的危险,形成"集聚阴影"。梅耶斯等(Meijers et al.,2017)重新提出了"借用规模"的概念,以审视处于网络环境中的城市;菲尔普斯等(Phelps et al.,2001)认为集聚外部性不仅发生在城市节点内部,而且存在于其外部空间,二者一起构成了"集聚外部性域";集聚阴影则被认为是网络外部性的负面作用。对于网络集聚形成的机制问题,目前主要有三种观点(程玉鸿等,2021;Burger et al.,2015):一是协同效应,认为通过合作关系或互补关系,相互联系的城市能够协同发展,达到"1+1>2"的效果;二是整合效应,从系统性思维出发,认为网络是将零散的城市衔接起来,通过资源共享与分工协作实现有价值、有效率的整合过程;三是借用规模理论,认为区域内的中小城市可以通过借用大城市的规模而呈现出优于自身规模的表现。此外,各种实证研究也凸显了城市网络的具体外部性效用,包括促进知识溢出与创新(Lüthi et al.,2010)、提升城市竞争力与经济增长等。该理论仍有待完善,当前的研究集中在网络集聚效应的实证分析,对于网络集聚的机制总结还有所欠缺。尤其是,研究视角多集中于城市层面,对于网络集聚的微观基础考察不足。

学术界主要从三个角度来理解网络集聚与地理集聚的不同(van Meeteren et al.,2016)。在产业组织方面,地理集聚是为了市场的公共利益,选址本地的企业能够共享城市的设施等集聚优势;而网络集聚的目的在于排他性的集团利益,网络组团之外的企业无法分享集聚优势。在空间经济方面,地理集聚基于地理衰减规律,边缘地带的集聚效应明显减弱;网络集聚不再依赖地理距离,而是类似于岛群一样的功能组团。在几何结构方面,地理集聚仍是基于空间投影几何的发展模式,固定的空间位置是重要特征;而网络集聚所基于的网络则是源自拓扑几何,更关注物体的相对位置。这些区别并非意味着两种集聚方式是非此即彼的不兼容状态,相反网络集聚可视为地理集聚在区域层面的延伸。因此,网络集聚是地理集聚的补充(陆军等,2020),二者耦合的综合效应对于地区发展具有更好的促进作用(姚常成等,2022)。

此外,学者们还关注到其他与网络集聚类似的虚拟集聚形式。比如,基于工业互联网、电商平台等线上平台的虚拟集聚(王如玉等,2018;罗震东,2020),企业通过商业展会、产品交流会等临时性空间提供的知识溢出机会形成的临时聚集等(单双等,2015)。这些探索拓宽了集聚理论研究的视野。城市因集聚而生,产业集聚塑造着城市的竞争力与吸引力,也决定着城市的经济结构和空间布局。创新活动是现代经济活动中的核心环节,具有显著的时空与虚实集聚现象,与一般产业集聚的特质不尽相同。研究知识创新活动的集聚规律,不仅能够促进城市经济的提升,而且将拓宽集聚经济理论的应用范畴。

2.1.2 耦合及耦合理论的内涵

"耦合"(coupling)概念源自物理学,用于描述"两个或两个以上系统或运动形式通过相互作用而彼此影响以至于联合起来"的关系(钱菊,2019)。譬如,音响放大器的信号借助于电阻耦合、线圈的互感源自磁场耦合等物理现象。耦合常用来表述两个相互依赖的子系统或模块之间的依赖关系程度。物理学中将耦合划分为非直接耦合、标记耦合、控制耦合等类型。耦合理论认为,系统间的耦合过程具有自组织、协同、可度量等属性,研究系统的耦合有助于引导系统良性运行、提升系统效益。

耦合为诸多学科提供了一套阐述多主体相互作用的思路和方法(宋长青等,2020),被广泛应用于多个研究领域。利用耦合理论引导相互依赖系统模块间的高度耦合,以达成系统协同发展、优化系统效能的目标是相关理论应用的主要方向(祝影等,2016)。耦合理论通常采用两个指标测度系统耦合的状态:一是耦合度,描述系统模块间的交互作用程度(张一,2019),耦合度越高,表示模块间的联系越多;二是耦合协调度,用于反映系统耦合的效果,以避免低水平的高度耦合不能反映系统实际耦合作用功效的情况出现(邹伟进等,2016)。

耦合理论在城乡规划中有着丰富的应用,通常用于研究多种空间要素或空间子系统之间的相互关系,如绿地与城市空间(刘滨谊等,2012)、河流与开放空间(张坤,2013)、城镇化与生态环境(刘海猛等,2019)等。本书所研究的知识创新活动同样可以看作一个创新系统,地理集聚与网络集聚是系统中的两个模块,用于推动知识创新活动的高效进行。因此,知识创新活动的地理集聚与网络集聚间的关系可视为一种耦合关系,二者耦合程度的高低直接决定着城市知识创新效率的高低。

2.1.3 地理—网络集聚耦合的理论基础

1) 集聚动机的角度

从根源上分析,两种集聚方式的微观动力来自创新主体在创新活动中要降低成本、获取更多的创新收益。企业依靠创新活动在技术、成本等方面取得竞争优势,得以占据更多的市场份额或者开辟新的市场,获得额外收益。两种集聚方式的产生可以看作创新主体采取的不同策略。其中,地理集聚实质是创新主体彼此间"共区位"而建立起地理邻近性,通过学习、共享、匹配等途径从本地获取创新助力,在城市内部形成据点型集聚外部性。网络集聚的实质是,创新主体通过"共关系"建立起广泛的关系邻近性,由借用创新规模与借用创新功能等途径从外部获取自身创新活动所需要的知识、服务等资源,从而提升创新绩效。这种外部性的形式被称为区块型集聚外部性。因此,从集聚动机角度来看,两种集聚形式是兼容的,而非互斥的。

2) 集聚形成过程的角度

根据嵌入性理论,经济行为与结果受到行为主体之间的关系和所处的整体网络结构的影响。这意味着,在创新主体集聚的社会—空间过程中,受到所嵌入的地理空间与创新网络的影响,即两种创新集聚之间存在制约关系。"嵌入"由波兰尼(2007)提出,指的是某个主体并不是单独存在的,它需要依赖于所处社会环境中的政治、文化、宗教等其他因素。嵌入的核心是经济活动融于具体的社会网络、政治构架、文化传统和制度基础之中,在格兰诺维特重新诠释后,被广泛用于经济地理学等学科的分析。从关系嵌入性角度来看,创新主体的行为受到彼此之间合作关系的影响,这将在某种程度上左右创新主体的选址,即影响创新地理集聚的过程。从结构嵌入性角度来看,多个创新主体所组成的创新网络嵌入更广泛的社会结构中,并受到来自所处地理空间的文化、价值观念等因素的影响,从而影响创新主体在网络中的中心性与关联程度。从这方面来讲,地理集聚所塑造的地理空间环境对于创新网络集聚同样存在影响。反过来,如果创新主体过于依赖外部创新联系,将大大降低本地嵌入的程度,甚至可能从本地脱嵌,即从原来所处的社会环境背景中脱离,从而削弱地理集聚效应。不难看出,微观视角下创新地理集聚与创新网络集聚之间存在不可避免的关联。

3)集聚正外部效应的角度

无论何种形式,集聚的正外部性无疑是通过个体创新效率的提升来带动城市创新经济的发展,并在此过程中推动城市空间布局更高效的重组。对于创新地理集聚而言,规模效应是正外部性形成的重要原因。为了做大规模效应,中国城市往往通过建立开发区来集中创新资源、创新企业。创新规模的扩大进一步推动城市经济从要素驱动转向创新驱动,强化个体与城市在全球经济中的竞争力。这种产业发展上的规模集中,极大地影响着城市土地利用结构。追求地理集聚效应使得产业用地高度集中,提升了城市的生产效率。对于网络集聚而言,正外部性的产生不再依赖创新规模,而是建立在彼此的合作关系中,内生于区域协同的整合之中。相较于创新地理集聚,创新网络集聚对于城市经济具有相似的正外部性,但是对于城市空间的效应则迥然不同。网络集聚不要求地理邻近性,使得空间布局可以去中心化。

在形成正外部性的过程中,两种集聚形式存在互补关系。对于地理集聚而言,网络集聚存在两个方面的积极意义:一是扩容提质,能够在本地空间有限的情况下,通过外部联系实现空间延伸,吸引利于本地创新的外部节点,从而提升创新集聚的质量。二是引入本地缺少的关键创新者,帮助完善创新链条,加速创新系统运行。

对于网络集聚而言,地理集聚的意义在于两个方面:一是为知识创新网络的建立提供空间基础,这种基础不仅是创新主体的经营、生产与配套服务的空间,而且是促进创新联系的基础环境。譬如,城市内部的交通、通信等各种设施支撑着创新主体间的远距离接触,城市基础设施的品质越高,越有利于创新联系的建立。二是有利于塑造创新主体的集聚力,创新主体从本地的地理集聚获取的知识创新资源将转化为创新能力,进而增强该主体在创新网络中的联系能力。

4)集聚负外部效应的角度

适宜的集聚带来正外部效应,过度的集聚则会导致负外部性。例如,过度的地理集聚会造成"拥挤效应",阻止新的企业进入;大面积的产业用地也会导致严重的"产城分离"问题,过多的企业也可能造成用地低效、环境问题突出等问题;而过度的网络集聚则可能形成关系的固化、排斥后来的企业,对外部关系的过多依赖可能导致本地环境失去黏附性,造成主体与资源的流失。

两种创新集聚形式存在缓解潜在负面效应的可能途径。一方面,网络集聚可以缓解地理集聚中的拥挤效应。低端产业的大规模空间集中可能抑制地理集聚效应产生、制约城市功能升级,网络集聚能够支撑部分产业与创新功能向近域地区扩散,缓解城市内部的压力。另一方面,良好的创新地理集聚有助于增强地理空间的黏附性,保持创新互动的高频率,避免创新关系的僵化,防止创新网络陷入锁定状态。

总之,创新地理集聚与创新网络集聚是一种互补、协同的关系,在促进城市创新经济发展方面具有一定的耦合效应。这种耦合作用将放大单一集聚效应的优势,使得创新主体/集聚区获得更佳的创新收益。相反,如果两种集聚形式之间没能达成较为耦合的状态,势必会影响最终收益。研究创新集聚区的地理—网络集聚耦合类型有助于区分集聚区的发育状态和不同状态形成背后的原因,从而为优化创新集聚区的空间布局、提升创新效率提供理论依据。

2.1.4 地理与网络维度下创新空间的关系研究

1) 地理集聚与网络集聚关系的研究进展

随着网络集聚研究的逐步深入,在"地理集聚"和"网络集聚"两种外部性关系的认识上取得了一定的进展。已有研究从组织形式、作用效果与耦合关系三个方面来辨析二者的关系(表2-1)。

表2-1 地理集聚与网络集聚的对比

维度		地理集聚	网络集聚
组织形式	形态	地理空间(实)	(城市)网络(虚)
	空间	重力形式的互动	岛群经济形式的互动
	要素	强调所有	强调所用
	指标	经济规模与密度	要素流、网络位置
	动力	公共(市场)利益	集团利益
作用效果	机制	知识与创新溢出	
		集聚经济理论	城市网络理论、流空间理论
		地理邻近下的(隐性)知识扩散	多维邻近下的知识流动
	效用	竞争力提升与经济增长、空间重组	
		经济规模增长、城市内部空间重组	区域经济增长、城市区域空间重组
耦合关系	角色	网络集聚形成的地理基础	地理集聚的拓展与补充
	主体	同源共栖、依赖与制约并存 (集聚主体高度重叠)	
	组织	邻近是联系的必要不充分条件	
	状态	介于耦合与分离之间	
	机制	全球化、市场化、制度	

在组织形式上,两者具有明显的区别。一是依托形态不同。地理集聚是本地化的,以实体空间为基础;而网络集聚则是建立在无实体的网络联

系之上。二是空间形式不同。地理聚集遵循距离衰减性,常具有明晰的腹地范围;而网络集聚克服了距离的制约(王纪武等,2016),按照拓扑几何的模式来组织创新活动。三是对于集聚要素的权属要求不同。地理集聚方式通过集聚要素做大规模而制造规模效应,那么就要求要素尽可能归为己有;网络集聚则强调合作与共享。四是集聚形成的标志不同。地理集聚活动存在规模门槛(Rosenthal et al.,2004),因此规模与密度常被视为地理集聚形成的指标;网络集聚是一种互动关系,要素流量大小与网络位置被视为取得有利于集聚区位的指标。五是集聚的驱动力有所区别。虽然都是为了获取额外的效益,但是地理集聚的效益是一种公共利益,地理邻近的主体均可从中获益(van Meeteren et al.,2016),而网络集聚中存在若干有固定成员的排他性利益集团(Capello,2000;Rosenthal et al.,2003),集聚效应难以为外部成员所享受。

在作用效果方面,两种集聚形式的本质机制具有辩证统一的关系,知识溢出是两种集聚效应能够发展的本质所在(程玉鸿等,2021)。所不同的是,地理集聚以传统的集聚经济理论为基础,是知识借助本地蜂鸣在近域地区的扩散,以隐性知识的溢出为主。网络集聚以城市网络理论、流空间理论等作为理论来源,知识借助网络管道在多尺度空间流动,以便于可编码知识的溢出为主。从作用效用角度分析,两者都致力于促进区域竞争力的提升与集聚增长,同时也具有改变地区空间结构的效应。区别在于,地理集聚通过规模增长带动城市自身经济发展,同时城市内部新的集聚中心的出现会带动城市空间结构的重组。网络集聚能够在更广泛的区域内促进增长,不仅能带动城市自身增长,而且能通过借用规模等作用帮助其他城市提高经济绩效(刘修岩等,2017;姚常成等,2019)。这种有利机制将带动区域要素扩散,推动区域多中心结构的出现(李迎成,2019;周灿等,2019;孙斌栋等,2017)。

最后,就两者的耦合关系也有初步探讨。譬如,魏守华等通过分析两种集聚方式对城市群经济发展的作用,认为城市群经济发展是双重作用耦合的结果,不过这种耦合作用因地而异(姚常成等,2022)。其中,东部城市群的地理—网络集聚耦合效应明显,而中西部城市群以地理集聚效应为主;就城市规模角度而言,核心大城市相较于中小城市的地理—网络集聚耦合效应更显著。姚常成等(2020a)也通过对小城市借用规模的分析,提出网络集聚能够弥补地理集聚效应的不足。曹清峰(2019)指出,基于网络集聚视角的区域协同创新应至少包括主体协同、创新链协同与空间网络协同三个方面。根据这些分析成果,结合两种集聚方式各自的特征,可以得到的初步结论是,地理集聚是网络集聚的基础,网络集聚是地理集聚的拓展与补充,二者之间存在耦合的微观基础与作用联系,二者耦合产生的综合效应更有利于区域发展。

可从以下方面来描述这种耦合关系:首先,两种集聚方式扮演着不同的角色。网络集聚依赖于知识、技术等要素流存在,地理空间则是要素流留存与再生产的场所。因此,地理空间制约着网络流的特性,从而影响网络集聚效应。譬如,地理因素往往是认知、社会、制度等虚拟邻近性的基础(Boschma,2005)。网络集聚将集聚效应从本地尺度延伸到非本地尺度,同样将影响空间原有的属性。当创新主体在本地发挥溢出效应时,会形成地理集聚效应;当他们通过网络空间对远距离的主体施加影响时,则会形成网络集聚效应。因此,嵌入社会网络中的主体将同时受到地理集聚与网络集聚的裨益(Henderson et al.,2016)。其次,两种集聚方式都依赖于同一群微观主体。一些大型机构往往既是城市产业集聚的支柱,又是创新网络中的重要节点。这些共有节点作为纽带推动空间与网络的转化,最终实现二者的耦合。再次,两者组织方式的差别为耦合设置了条件。对于地理集聚来说,单纯的地理邻近性并不会导致集聚效应的出现,网络中的节点也不一定会将自身获取的外部知识共享到本地,使得"全球管道—本地蜂鸣"的链路不畅,影响二者的耦合关系。也就是说,并非所有地区都能实现地理集聚与网络集聚的充分耦合,多数地区处于一种不充分的耦合状态。最后,推动两种集聚耦合关系的驱动因素主要包括全球化、市场化与政府制度等因素(张凡等,2020;潘峰华等,2019;汪明峰等,2014;姚常成等,2021)。在中国语境之下,政府制度对生产要素配置具有显著影响,为追求地理集聚效益而集聚了大量要素。值得注意的是,这种耦合也会存在风险。过强的地理集聚会造成要素固化、地域锁定,抑制网络组织的生存;过强的网络集聚将泛化要素流动,可能导致本地要素的过度流失。

总之,已有研究尝试通过实证分析比较两种集聚方式的效应,对二者的互补关系有了初步认识。但现有研究存在几个突出问题:一是多从产业集聚的角度切入,缺少对于区域增长核心变量——创新的分析,这不利于深入解读两种集聚方式的关系。二是多关注城市尺度,较少涉及集聚微观主体。主体是集聚产生的行动单元,引入微观视角不仅能够更加细腻地刻画集聚过程,而且将有助于更全面地解构地理集聚与网络集聚的关系。已有研究关注到两种模式下产业转移的差异(崔莉等,2018),但具体运用双重集聚效应解决现实问题的探索还不多见。

2)地理与网络集聚维度下的创新空间研究进展

除了上述总结外,有关创新活动的研究也涉及地理集聚与网络集聚对知识创新活动作用的差异性。研究的焦点落在知识多中心空间结构的效率上,即网络集聚所支撑的知识多中心结构是否更有利于城市创新增长(姚常成等,2020b;Li et al.,2019a)。戴靓等(2021)借助科学网(Web of Science,WoS)论文库测度了我国19个城市群的知识形态多中心与功能多中心知识,结果表明不同城市的多中心程度存在明显差异,不同地区存在不同的知识集聚形式。马海涛等(Ma et al.,2021)采用多种论文数据库测度了粤港澳大湾区的知识多中心性,发现其知识多中心性不断上升,认为是日益提升的知识协作带来的网络效应推动了知识多中心性的提升。姚常成等(2020b)进一步检验了知识多中心结构对于城市群协调发展的作用,结果表明知识多中心空间结构通过借用规模等网络集聚效应实现了城市群的协调发展。曹湛等(Cao et al.,2022)则以城市群为研究单元,分析了内外知识合作对于城市创新能力的促进作用,结果不仅表明城市群内部的蜂鸣与外部的管道各自均对城市创新能力具有促进作用,而且证明了两种合作关系在促进城市创新方面具有互促与互补的作用。

以上实证分析说明知识创新网络对于区域发展存在协调促进作用,并且两种集聚方式能够相互促进产生有利于区域创新的综合效应。但在现实中,不同城市群中存在的集聚效应存在差异。譬如,戴靓等的分析结果均表明,东部沿海地区城市群的知识多中心性要高于西部地区的城市群,我国三大世界级城市群的知识多中心性程度存在明显差距,但三者均拥有世界级的科创中心城市。尽管已经认识到知识多中心的空间结构受到不同集聚效应的共同作用,但对这一现象背后的机制还缺少解释。戴靓等(2021)提出这种多中心发展模式是市场驱动与政策引导的共同作用,但并没有就这种共同作用的差异性结果及具体的作用机制做详细阐述。

总而言之,一方面,在网络集聚理论的推动下,叠加网络作用的(知识)创新空间变化成为前沿热点。这方面的研究侧重于实证分析,对于创新空间的地理—网络集聚间的耦合关系及其背后的机制尚缺少深入探讨。另一方面,现有研究基本处于区域(城市群)视角,较少深入城市内部。知识集聚效应的发挥实质上还依赖于微观主体(丁小江,2020),将研究视角转向微观层面,更有利于分析知识创新活动地理—网络集聚的耦合关系及其背后的机制,为完善创新地理理论研究提供支撑,应在后续研究中强化这一方向。

2.2 创新系统与创新活动的集聚

2.2.1 区域创新系统理论

1992年,英国库克教授首次提出区域创新系统(Regional Innovation System,RIS)的概念,作为国家创新系统在区域的延伸。他将区域创新系统定义为,在地理上相互分工与关联的生产企业、研究机构与高校等构成的区域组织体系,能够持续产生创新(Lund et al.,2020)。区域创新系统由主体要素、功能要素和环境要素构成(郁鹏等,2012)。其中,主体要素指参与创新活动的相关企业、机构或其他实体,包括生产部门、科研部门、生产者服务部门与其他公共机构;功能要素指的是创新主体之间的关联与运行机制,包括组织创新、制度创新、技术创新、管理创新的机制和能力;环境要素指的是创新主体以及他们之间相互关联互动时所处的外部环境,分为政策软环境与设施硬环境,如宏观政策环境、体制机制、基础设施、服务设施、社会文化环境和创新氛围等。

从系统理论的角度出发,城市创新系统是区域创新系统的子系统,是开展、服务、辅助各类创新活动的主体与机构所形成的有机体。在城市创新系统中,创新主体既要按照自身的创新需求开展创新研发活动,也需要与其他机构相互合作、配合,共同推动创新研发的实现。通过研究创新活动的集聚过程有助于掌握城市创新的系统生态,为敏捷地调整城市创新发展方向提供了可能的思路。

2.2.2 集群与创新集群理论

波特(Porter)在1990年提出了产业集群(industrial cluster)的概念。他认为,集群是指在某一特定领域内相互联系、在地理区位上集中的公司与机构的集合(Porter,1998)。集群的内涵可以从三个维度来理解:一是地理维度,集群依赖地理邻近所产生的外部性而发展,因此通常位于特定的区域;二是活动维度,企业与机构为满足客户需要所发生的各项生产互动活动是集群中的重要内容;三是商业环境维度,集群中包括企业、大学、研发机构、政府部门等行为主体,这些主体的互动构成了集群的特定环境(Porter et al.,2009),而这一环境又受到商业环境质量的影响。

在集群的基础上,经济合作与发展组织(OECD)发布了《创新集群:国家创新体系的推动力》报告,提出"创新集群"的概念。创新集群是具有创新特性的集群,它区别于低成本或者低端的产业集群(宓泽锋等,2020)。在创新集群中,集群产业链、集群价值链、集群知识链是构建协同合作关系的三大核心纽带(吕拉昌等,2017)。集群成员间的互动形成不同类型的产业网络,包括成员间的社会网络、知识流动网络、商业网络等。可以说,集群是创新活动的重要发育地,集群间的进一步联系刺激了创新的流动,从地理空间转向网络空间,最终形成城市、区域乃至全球创新网络。因此,集群是创新活动发展的本质,创新活动的活跃与不同形式的创新集聚效应密切关联。

2.2.3 地理集聚视角下创新空间的特征与机制

1) 创新活动的地理集聚测度

创新活动的地理集聚在很大程度上表现为创新主体空间分布上的集中化(Choi,2020)。因此,可通过测度城市内部创新主体的集聚状态来反映城市创新活动的地理集聚情况。随着研究的深入,测度知识创新活动的数据愈发多元,诸如专利引用数据、论文合著数据等。所采用的测度指标有地理集中指数、地理集聚指数与基于距离的集中指数。地理集中指数一般包括区位熵、水平集聚区位熵、区位基尼系数、赫芬达尔—赫希曼指数、地理共现指数以及莫兰指数等(孟琳琳等,2020)。地理集聚指数是基于企业选址模型的埃里森—格莱泽指数(Ellison-Glaeser Index,EG指数)与莫雷尔—塞迪洛指数(Maurel-Sédillot Index,MS指数)(Chen et al.,2019)。

这两类指数针对特定的空间单元,而多距离空间聚类分析适用于点数据,能反映不同空间尺度上的集聚程度(贺灿飞等,2007)。

创新活动在空间上的地理集中具有层次性(吕拉昌等,2021)。从全球与区域尺度来看,(知识)创新活动集中在大城市、顶级高校、国际研究机构之中。在城市层面,创新活动的主体主要集中于建成区,郊区的创新主体较少(张泽等,2018),近年来开始呈现多中心扩散的趋势(李凌月等,2019)。在建成区内部,创新的空间分布也具有异质性(陈嘉平等,2018)。比如我国城市中的高新区与大学叠加布局,是多数创新活动的源头(卫彦渊等,2019)。在美国的硅谷(Pique et al.,2018)、中国的中关村(Lyu et al.,2019)等以创新闻名的地区,存在自我加强的因果循环效应,能够不断吸引新的创新主体,保持着旺盛的知识与技术创新活力。不同地区的创新集聚特征也存在差异性,例如,我国长三角地区的创新呈现多中心扁平化结构,而美国旧金山湾区的创新活动则更倾向于单中心结构(尹宏玲等,2015)。

2) 创新活动的地理集聚模式

关于创新集聚的研究起源于产业集聚问题。根据集聚外部性的三个来源,产业集聚存在三种基本的集聚模式:专业化集聚、多样化集聚和市场竞争(吕承超等,2017)。最具代表性的研究是马库森(Markusen,1996)根据集聚区内企业的特点以及相互之间的关系提出的四种集聚类型:马歇尔式工业区、轮轴式工业区、卫星平台式工业区、政府主导式工业区。他强调,现实的工业区可能是上述类型的复合形式,且类型是可能转变的。

在产业集聚模式分析的基础上,学者们相继提出了不同的创新集聚模式。例如,美国布鲁金斯学会提出"创新城区"(innovation district)的创新空间类型,辨识了城市创新城区的不同模式(Katz et al.,2014)。第一种为锚定+(anchor plus)模式,是指以一个地区的支柱型创新机构及围绕它周边形成相对密集的城市混合功能区。第二种为城区更新型(re-imagined urban area)模式,往往是伴随着城市老旧地区的改造而转型重塑的创新区域。第三种为城市化科技园区型(urbanized science park)模式,依托于科技园区而建,一般位于城市郊区(李健等,2015;任俊宇等,2020)。英国智库伦敦发展研究中心(Centre for London)结合伦敦的发展情况进一步发展了"创新城区"的内涵,提出采用地点的渗透性与制度混合两个维度来理解城市的高校、产业集群与创新城区(Hanna,2016)。其中,城市形态分为嵌入型、校区型与集群型三类,制度模式包括高校主导型、高校+型、混合使用型与企业主导型。在国外研究的基础上,我国学者结合国内实践给出了思考,代表性观点有郑德高等(2017)提出的"三区融合"发展的思路,他们认为可以走圈层发展模式、园区社区化发展模式与融合发展模式三种路径。可见,关于创新的地理集聚模式主要从主体的结构与主体所在环境等方面切入,这为后文研究提供了启示。

针对我国创新发展的旺盛需求,产生了许多关于城市创新空间布局的思考。众创空间、创新街区、特色小镇、科学城或科技城、创新廊道等创新空间载体层出不穷(孙文秀等,2019;许凯等,2020),这些空间在城市产业分化与人口分异的共同作用下构成了城市创新空间格局,成为创新活动的核心承载地。解永庆(2018)以杭州城西科创大走廊为例,建立了城市创新空间组织的框架,即"创新服务中心＋科研院校创新集聚单元＋科技类大企业创新集聚单元"的模式。李福映等(2019)以青岛为例,重申了城市创新空间布局的"创新服务组团—科技研发组团—智造组团—生产配套组团"的圈层模式。陈小兰等(2021)分析了广州市创新城区的分布,提出了四种创新城区类型,是对既有创新城区理论的发展与本土化。规划实践还拓展至区域层面,催生了以创新走廊为代表的区域创新共同体建设(郑德高等,2020),使得知识创新网络的作用受到关注(国子健等,2020)。目前相关研究呈现出重概念、轻内涵的倾向,对城市创新活动尤其是知识创新活动的集聚特征以及背后机制缺乏统计分析,削弱了研究成果对于规划实践工作的理论指导价值。

3) 影响创新活动地理集聚的因素及机制

关于创新活动的地理集聚与产业地理集聚的机制同样密不可分。从宏观层面来讲,产业地理集聚的影响因素可以包括运输成本、收益递增与马歇尔外部性,市场需求、产品差异、贸易成本以及知识溢出效应等。在各种因素之中,空间距离是地理集聚的关键制约因素。共区位为不同创新主体提供了相互交流的机会,有助于促进创新活动的发展。这种作用与隐性知识难以远距离传播具有直接关系。随着通信技术与运输技术的飞速发展,交流方式发生了巨大转变,商业会展与学术会议提供了临时面对面交流的可能,空间距离的作用在一定程度上被削弱。因此,有一种观点认为"距离已死"(Han et al.,2018)。但相关实证研究表明,"距离"的角色虽然有所转变,但仍然显著影响着创新活动的分布(Healy et al.,2012;Rammer et al.,2020;周灿,2018),只是影响力存在适宜范围(Fitjar et al.,2016)。对于创新活动的地理集聚而言,运输成本等因素已经不再关键,取而代之的是一定距离范围内与创新功能相关的要素分布。这些要素构成了我们通常所说的"创新环境"(innovation milieu)或者创新氛围,具体包括主体异质性、建成环境因素、创新环境因素、产业环境因素、政策环境因素、社会文化因素等。

第一,创新主体的主体属性、组成与结构会影响其创新活动的溢出(Zeng et al.,2011;He et al.,2012)。以企业为例,企业性质、企业规模、所有制、发展阶段等均属于影响变量,一般认为国有企业的开放性相对较低,削弱了其知识流动与溢出的成效(曹贤忠等,2018)。

第二,创新主体所处的物质建成环境影响了知识流动与人才流动,促进了知识外部性的产生(Florida,2004;Li et al.,2019a)。这类因素包括空间可达性、娱乐设施、交通设施、社交空间等(聂晶鑫等,2018b)。例如,佛罗里达(Florida,2004)的创意阶层理论指出"空间品质"(quality of space)是创意人才群体选择工作地的重要参考因素。苏贾(Soja)提出了"第三空间"的概念,认为咖啡厅、书店等社会空间为社会互动与知识流动提供了良好场所(Smith et al.,2021)。芝加哥学派的克拉克(Clark)提出了场景理论,强调各类娱乐设施(amenities)组成的消费场景对城市创新与增长的作用(吴军等,2020)。这些研究表明,地理邻近是影响创新集聚的重要因素之一(Sheng et al.,2019)。空间距离的邻近使得创新人才能够更好地共享城市中的各类设施,从而达到高频交流的目的。

第三,各类研发机构、创新服务机构等创新环境因素也影响着创新主体的集聚。高校、科研机构等重要的知识源是企业,特别是初创企业热衷的选址地点(韦胜等,2020)。随着创新创业活动的日益繁荣,创客空间、孵化器等创新服务设施成为创业人才与初创企业的集聚地(周素红等,2016;俞国军等,2020)。此外,中介服务、金融服务等同样是创新主体所在创新环境的重要组成部分。

第四,创新主体所处的产业环境也是促进地理集聚的一大因素。带来技术关联的产业环境内涵包括专业化与多样性。演化经济学又进一步将产业的多样性区分为相关多样性与无关多样性(苏灿等,2020)。产业的相关多样性有助于知识、方法、技术溢出的产生(钟顺昌等,2019),而无关多样性则是能够抵挡地域外部冲击的产业组合效应(王叶军,2019)。产业环境的丰富与多样提供了复杂而无限的技术关联可能性,成为创新企业落地的理想温床。

第五,政策环境因素包括税率优惠、产权制度、规划管制、产权保护等有关创新治理的因素(符文颖等,2013;陈雄辉等,2020)。各地政府惯常采取设施投资、项目补贴等手段改善地方创新环境,吸引了更多的创新主体入驻(王缉慈等,2001)。其中,开发区作为我国的一项重要产业政策,在培育高新技术企业、集聚创新创业人群方面扮演了重要角色(刘合林等,2020)。是否位于开发区之内成为影响企业创新效率的显著因素之一(马恩等,2019)。

第六,社会文化因素同样影响创新活动的地理集聚(王纪武等,2020)。比如,高容忍度的社会更能够吸引创意阶层的择址意向(Meijers et al.,2016),富有企业家精神的人更乐于接受新鲜事物,并付诸创新实践(段德忠等,2018;Lyu et al.,2018),著名的"徽商""晋商"等群体即为证明。

2.2.4 网络集聚视角下创新网络的特征与机制

创新网络之中涌现出不同于地理集聚的新集聚现象。创新网络基于创新联系展开,网络联系的形成及其特性在很大程度上决定了创新主体获得知识流溢出的能力。这种联系的特性包括强度、类型等(Muller et al.,2019)。随着创新网络越来越成为一种全球—本地化的产物,叠加了网络作用的创新空间也变得日益全球化。论文或专利合作数据是研究创新网络的常见做法(Liu et al.,2013),如刘承良等(2017)采用论文合作数据研究了全球知识创新网络的演化机制,张翼鸥等(2019)研究了城市间的技术知识转移网络,李丹丹等(2015)比较了科学知识网络与技术知识网络的区别。创新网络的表现集中体现在创新网络结构、创新节点集聚能力、网络集聚模式三个方面。

1) 创新网络的结构测度

一个社会网络的创新增长由该网络的结构所塑造(Muller et al.,2019),测度网络结构是分析城市创新网络的前提。目前,主要有社会网络分析与复杂网络分析两大主流工具。相关测度指数可以归纳为:①宏观(整体)层面。整体网络拓扑结构是网络主体及联系相互作用所涌现出来的宏观结构,一般包括网络的平均度、中心度、碎化度、集聚系数、平均路径长度等指标(Glückler et al.,2016a)。②中观层面。网络中部分节点间的关系更加密切而聚集成团,构成了网络的中观结构。研究中常采用社区发现、凝聚子群分析等方法识别网络中的集群或组团,如利用社区探测方法发现了区域航空集群变得更加专业化(Turkina et al.,2016)。③微观(个体)层面。微观层面的网络结构是节点的网络位置、主体间联系的特征。一般采用中心性作为节点网络位置的测度指标,包括度中心性、介中心性与接近中心性等(Freeman,1978)。该层面的核心观点是网络节点的网络位置对其创新能力及信息的可获取性具有影响。

著名的"全球管道—本地蜂鸣"理论强调外部联系的重要性,认为外部联系能够提供本地难以获取的新知识,尤其是临时管道的建立,极大地扩展了创新活动场所的灵活性。我国学者主要致力于实证分析,如区域尺度的珠三角城市群(Granovetter,1973)、京津冀地区(邢华等,2018)、长三角地区(刘承良等,2018),以及城市尺度的杭州市等(Liu et al.,2019)。

2) 创新网络内的集聚测度

网络集聚呈现出岛群经济的形态,即一个个相对紧密的组团。组团存在进入门槛,不对所有的创新主体开放。本地蜂鸣能够惠及几乎所有的本地企业,而全球管道的参与则需要有目的地培养与建构(van Meeteren et al.,2016)。因此,可以通过测度网络中的组团/子群的情况来发掘创新网络的集聚格局。采用社区发现、凝聚子群分析等网络分析方法,是探测复杂网络结构和关系模式的重要工具。目前主流的社区发现算法主要包括基于模块度的格文—纽曼算法(Girvan-Newman Algorithm)、快速贪心算法(Fast-greedy Algorithm)、多层次算法(Multi-level Algorithm)等(Pons et al.,2006;Raghavan et al.,2007;Girvan et al.,2002),随机游走算法、标签扩散算法和多级网络聚类算法(InfoMap Algorithm)等(Clauset et al.,2004;Blondel et al.,2008;Rosvall et al.,2008),以及k-核分析、派系分析等凝聚子群分析方法(聂晶鑫等,2017,2018a)。

3) 创新网络的集聚模式

决定创新活动网络集聚模式的因素包括节点位置和节点关系等属性。例如,根据在全球创新网络中所处的位置进行识别(Liefner et al.,2011);

处于集聚中心位置且知识转化能力较强的知识转化型区域；处于集聚中心位置但知识转化能力不足的知识浪费型区域；处于集聚边缘位置但自身知识创造能力强的知识生产型区域；处于集聚边缘位置且自身知识创造能力不足的知识忽视型区域。类似地，我国学者依据创新网络的尺度与创新绩效将城市与区域网络划分为四类（周灿等，2017；Cao et al.，2018）：①"本地—跨界"网络密集的创新卓越区。该区域同时集聚了丰富的本地联系和外部联系，既拥有多样的"全球管道"以保持频繁的外部知识流动，又能依托稠密的本地网络消化、传播全球知识，促进隐性知识的本地交流。这样的优势位置确保该区域能够获得较高的创新收益。②跨界联系主导的创新突破区。该区域以外部联系为主，有助于突破地区锁定。但转化能力的不足制约了外部性知识的当地效应。③本地联系主导的创新锁定区。该区域当地丰富的知识交流形成"蜂鸣"，但外部知识的不足带来潜在的地区锁定风险。④"本地—跨界"网络稀疏的创新薄弱区。此类区域缺乏足够的网络管道，形成外部性知识不足、知识基础老化等问题，沦为创新的边缘地带。

此外，也可从其他角度分析网络的模式。何郁冰等（2015）从关系的强弱与密度识别了弱关系—稀疏型、强关系—稀疏型、弱关系—稠密型、强关系—稠密型等类型的产学研网络；吕国庆等（Lyu et al.，2018）分析了中国创新网络中的微观主体组成，并识别出五类创新网络模式，不同模式之间通过主体的属性与关系尺度进行区分。现有关于网络集聚模式的研究基本从较为宏观的视角切入，以创新主体为节点的微观研究还不多见。

4）创新网络的集聚外部性作用

知识是区域经济增长的核心变量，通过（知识）创新网络获取所需知识被视为区域经济增长与竞争力提升的关键途径之一（曹贤忠等，2019a）。知识特性决定了网络价值高低，最终反映在区域增长之中。因此，创新网络可视为区域增长的关键性要素，其作用体现在多个方面。在微观层面，创新网络能够为创新主体（尤其是企业）提供有用的知识，提升创新能力（李守伟，2018）；在宏观层面，创新网络对城市创新绩效（吴中超，2021）、城市空间重构（孙文秀，2020）、区域结构调整（邱衍庆等，2021）等均具有外部性效应。

创新网络的空间效应显著，也是当前研究的焦点之一。这些研究视角多集中在区域与国家层面，探讨了创新网络对于城市网络位置的影响（吴贵华，2020），以及网络所造成的区域格局重构。香林等通过分析中国知识创新网络的区域变化，发现不同板块的差异性演变（吴贵华，2020）。有部分学者开始关注创新网络对于城市内部空间的影响，但仍处于以现象总结为主的探索阶段，量化分析与案例实证还不多见。孙文秀等（2019）认为创新网络会推动产业空间跨区域组织并导致多种创新空间崛起。

总体而言，城市网络外部性研究是未来城市网络研究的重要方向（香林等，2021），是将城市网络理论运用于社会实践的前提，（知识）创新网络尤其如此。充分认识创新网络的外部性作用是数字时代支撑城市创新发展的前提之一。

5) 影响创新网络集聚的因素及机制

目前,学术界关于网络集聚外部性机制的讨论尚缺少系统的分析和论证。早期,研究者借助"借用规模"的概念来解释中小城市获益于网络集聚外部性而表现出比实际规模更大的现象。大城市利用规模效应提供可持续的公共服务,邻近大城市的小城市借用其各类设施以弥补自身的规模劣势。也就是说,小城市借用了大城市的规模,这一机制也在一定程度上避免了拥挤效应等集聚负外部性(李迎成,2018)。此后,网络外部性被发现存在于不同规模城市之间的互动之中,因此借用机制被推广到所有城市之间(Meijers et al.,2017),适用对象、作用机制与借用类型都得到扩展并有了新的内涵(王飞,2017)。同时,借用的内涵也从单纯的借用规模细分为对城市功能的借用与对城市规模的借用(Camagni et al.,2015)。如何有效测度城市借用效应成为多数研究探索的重点,国内外学者对此进行了有益探索(Cao et al.,2019;倪进峰,2018;Camagni et al.,2015;朱丽霞,2009;郭振松,2017)。

网络外部性理论同样强调网络联系的作用。卡佩罗(Capello,2000)指出,网络联系越多越有助于网络节点的本地建设。梅耶斯等(Meijers et al.,2016)也提出网络联系塑造了城市的借用能力,并实证了不同尺度网络联系的影响差异。结果表明,网络集聚具有尺度效应,国家/国际联系的作用强于区域联系。程玉鸿等(2021)总结了当前城市网络集聚机制的相关研究成果,提出城市间合作与互补带来的协同效应,城市间功能、制度和文化等的整合效应和借用机制是城市网络外部性形成的三大主因。目前对于网络集聚的机制研究仍在讨论之中,并未形成一致意见,关于借用规模与借用功能的研究较为主流。

作为网络集聚的基础,微观环节的网络集聚机制尚未揭开。创新主体如何跻身稠密的网络以汲取更大的网络价值是创新网络研究的核心议题之一。按照组织边界与组织关系来分,创新联系的影响因子包括企业空间联系、企业与区域内外主体联系、企业的水平与垂直合作联系等(Bathelt et al.,2014)。此外,联系的空间尺度对于创新主体结网具有差异作用(曹贤忠等,2018,2019b)。研究表明,国家尺度的创新联系对提升主体的创新绩效最有效率,其次是全球—地方尺度的网络联系(Cao et al.,2018)。未来,应进一步结合已有相关成果,完善微观层面网络集聚的理论基础。

2.3 网络空间与创新空间的组织布局

2.3.1 网络空间维度的理论转向

1) 经济地理学的"关系"转向

过去几十年来,关系研究的文献越来越多(刘逸,2020)。关系地理学认为世界不是一组离散的事物,把世界理解为流动的拓扑结构以及联系的产物,强调事物在发展过程中相互影响的动态关系。此外,关系地理学吸取后结构主义反本质的理论思潮,提出每个事物都有自己的本质,但它不是关注事物的本质,而是关注事物的连通性。关系经济地理学关注三类关系类型,即主体—结构关系、尺度关系和社会—空间关系。这种事物的连通性并非固化的存在,而是与过去、现在和未来发生联系,与特定的社会背景、社会关系产生联系。地理学"关系转向"的出现,使得人们重新思考空间、地方、尺度和主体性等核心的地理学概念(Cresswell,2013)。关系地理学的关系思维已经渐渐影响了地理学某些分支的"关系"转向。在这种转向中,经济地理学家倾向于将其分析重点放在影响经济活动空间组织动态变化的行动者和结构之间的复杂关系上(Bathelt et al.,2003;Coe et al.,2019)。关系转向也带动了关于网络研究的热潮。国内也有学者对经济地理学中的"关系转向"进行评述,认为在区域与企业发展的过程中更应该关注复杂的动态关系网络(李小建等,2007)。

关系地理学的出现以及随后出现的网络相关理论进展为城市创新研究提供了新的理论铺垫与重要的研究工具。关系与网络的进一步发展,使得网络空间作为地理空间之外影响社会经济活动的又一重要空间形式的事实得到重视。流动性的网络空间所形成的新集聚效应成了城市创新研究的前沿议题。

2)网络分析相关理论

随着地理学领域"关系转向"的不断深入与扩散,网络分析方法在地理学、城市研究、规划等学科内流行开来(Glückler et al.,2016a;Glückler,2007)。复杂系统理论、演化理论等在创新研究领域的拓展,引导网络分析方法成为研究创新合作关系的重要分析工具。

网络分析的理论主要包括社会网络分析理论与复杂网络理论。社会网络方法基于一种直观性的观念,并结合数学中的图论逐渐发展而来(Freeman,2004),扎根于社会研究领域。它从个体与整体两个方面分析社会主体间的互动关系所呈现出来的组织状态与网络形成机制(刘军,2009)。社会网络分析对小规模网络(成百上千个节点)的处理能力更强,其分析结果往往与社会现实紧密联系起来,也就是要回归到某种符合逻辑的社会解释,常用软件工具包括社会网络分析软件 UCINET、Pejak 等。复杂网络是在复杂系统理论的推动下基于图论与计算机分析模拟方法而逐渐形成的,它更关注现实世界中不同类型网络所涌现出的集体行为与特征,如无标度特征、小世界特征,同时强调网络动力学与网络建模(汪小帆等,2012),更加关心自然与工程网络。复杂网络往往是大规模(百万级)、动态化的,需要借助编程语言的方式实现。

随着分析技术与研究不断融合,二者间的界线正在不断模糊,结合两者的特长能够更好地理解知识创新网络的动态演化。除了网络中节点、连线与网络整体的基础统计指标外,常用的理解网络内部结构的方法包括社区发现(Girvan et al.,2002;Clauset et al.,2004;Blondel et al.,2008)、网络位置（Doreian et al.，2005）、关系数据的假设检验（Broekel et al.，2012）、网络建模（Broekel et al.，2013）等方法。网络分析被认为是创新研究中的有力工具（Wai et al.，2009）。网络研究的方向之一是网络主体在网络中的位置会影响他们行动的结果，另一个方向是网络的整体结构会影响集体的行动结果。既有创新网络的研究更多地研究了网络主体位置对创新发展与创新绩效的影响（Glückler et al.，2016a），而对于网络整体结构的影响研究相对较少。未来，有必要借助先进的网络分析方法加强知识创新网络整体结构与特征对城市空间影响的研究。

3）"柔性空间"理论

在后结构主义思想影响下，学者开始反思规划的两个重要要素——政治要素与空间要素。一些新的概念，如关系、网络、领域、地方等被用于解释当前背景下"社会—空间"过程。在传统视角中，空间被认为是一个"容器"或者某个空间领地，如城市、乡镇等。隐含之义在于，空间是有固定边界的地理空间。随着关系思想的崛起，网络与流成为对于空间的新理解。因此，城乡规划将多重空间作为工作对象，并孕育出了很多新的规划空间，如尺度重构下的新国家空间、竞争地方主义下的增长空间、战略规划的再兴等（Allmendinger et al.，2015）。在这种背景下，柔性空间（soft spaces）的新理论在欧洲兴起，它以柔性空间与模糊边界（fuzzy boundaries）为工具，被视为提高竞争力并最终实现经济成功的引擎。

柔性空间的概念源自英国学者对英国权力下放过程中空间规划实践新动向的分析（Haughton et al.，2008；Allmendinger et al.，2007，2009）。根据梅茨格等（Metzger et al.，2012）的定义，柔性空间是指非正式的或者半正式的，同时也不具有法定的规划空间性。这种非法定的空间性内含了各种关联关系，不仅跨越了各种正式建立的规划边界和规划层次，而且跨越了自我保护和相互分割的不同部门。随后，大量的研究强调了柔性空间的存在，包含了多个尺度：欧盟尺度（Haughton et al.，2009；Jensen et al.，2004；Faludi，2013）、宏观区域尺度（Stead，2011）、亚区域/区域尺度（Harrison et al.，2014；Heley，2013；Walsh，2014）、都市区/城市区域尺度（Savini，2012；Levelt et al.，2013）、地方尺度（主要围绕总体规划和更新项目等的实施空间）（Counsell et al.，2014）。这些柔性空间超越了原有的法定空间（如国家）边界，成为应对新的经济、制度环境的实用工具，并取得了一定的实践成果。

除了关注柔性空间规划的实例之外，柔性空间与硬性空间（法定空间）的关系是另一个焦点。柔性空间与硬性空间平行运行，而非代替硬性空间。二者在目标、边界形式、空间组织、制度形成方面存在差异（表2-2）。同时，柔性空间与硬性空间存在相互转换的通道。硬性空间可以被"柔化"，具备超越空间边界的组织特征；而柔性空间可以被"硬化"，使得某些社会组织结构被法定化。如原本属于柔性空间的波罗的海大区，由于欧洲议会这一代言人的存在而逐渐硬化。这种交织的过程也导致了某些空间兼具两种特征，成为"半硬半柔"的空间，被称为"半影(half-shadow)"空间(Zimmerbauer et al.,2020)。

表2-2 柔性空间与硬性空间的对比

范式	柔性空间	硬性空间
本体	公/私分别的模糊	明确的公/私分别
	网络/治理	层级/政府
	空间/参与度	领土/主权
目标	有效解决问题的能力	有效解决问题的能力
	高响应度	基于对权利和义务的明确定义的问责制
	精益管理	正当程序和稳定性
	适应性	—
边界	低出入门槛(开放)	高出入门槛(半封闭)
	模糊(地理、成员资格、部门)	明确(地理、成员资格、部门)
	问题决定了参与、方法和扩展	给定系统中基于规则的问题解决
行政	新公共管理	(新)韦伯式官僚
空间组织	开放的、网络化的、跨界的	有界的、领域化的
制度形式	流动的、"新的"	稳定的、"旧的"
代理人	规划师、倡议者、利益相关者	广大群众、本地居民、社会活动者、规划师
缺点	责任模糊	响应速度慢
	成效较低	效率较低

硬性空间具有可见的平台，通常是法定的、民主开放的过程。在大量政策协调的驱动下，这个过程具有复杂性和延迟性。柔性空间是正式流程之间的机动空间，通过讨价还价、灵活性、自由裁量权和解释来实施。在非正式和正式环境中，两类空间存在多方面的依赖性。

第一，反映问题的真实地理空间。在拥有明确和严格空间边界的政府机构无法解决其管辖范围内职能联系的情况下，运用柔性空间进行规划可能有助于克服这些限制。但柔性空间需要依赖于硬性空间来展开操作。

第二，政策设计的重点。柔性空间的非正式关系网络通过为政府部门指明适宜的干预力度和政策重点来帮助解决问题。日益紧密的相互联系重塑了个人与社会，挑战了部门和层级形式的决策。柔性合作有助于解决相互依存的复杂系统，而合作本身的必要性则有助于确定最相关的问题、合作伙伴和方法。

第三，执行计划结果。柔性空间的组织网络灵活，可以反映边界两边利益相关者的利益。因此，在这种空间中进行参与式规划，规划的实施效率更高。

第四,协同合作。硬性空间的参与者/规则/法则在决策和规划实践中起主要作用(张惠璇等,2017)。而柔性空间中的合作多是自下而上的,包含多样化的组织成员,其中就涉及各级政府,可以加强多层次的治理和跨境机构之间的知识交流。

第五,工具。即使柔性合作能够得到来自不同机构的财政支持,但来自政府部门的必要资金却是增强合作连续性的保障。由固定的行政部门提供的监管框架,对于为合作流程提供工具至关重要。

第六,建立共识。柔性空间中的非正式网络与制度化网络是相互依赖的。由于这些非正式网络的灵活性和非法定性质,它们通过与其他政府机构谈判来增加旨在达成某种共识的政策讨论。

第七,合法性。硬性空间不仅能帮助柔性空间协调不同的合作计划,而且能为柔性合作提供合法性(Allmendinger et al.,2015)。尽管柔性空间似乎是应对治理复杂性的合适形式,但为了决策的顺利实施,仍需要一定的合法性。由于社会经济活动的跨界性,政府部门的权限受到约束;在利益相关群体的支持下,政府规划的实施也将更加顺利。

4) 柔性空间与柔性规划

在已有文献的基础上,华金特(Wargent,2019)总结了柔性空间的四个主要贡献:①柔性空间必定与正式领土空间并存——从这种共存和政治人物的参与中获得合法性——但至关重要的是要允许本地行动者为战略和战术演习"腾出空间";②以"模糊边界"的形式在新的空间范围内和跨越新的空间尺度上运作,避开现有的领域边界来构造新的空间图景;③纳入了公共和非国家行动者的新群体(更多来自私营部门);④通常聚焦于交付或问题,具有短期/确定的寿命(尽管存在更长寿命的形式)。这些优势也使得柔性空间思维被纳入各类规划实践中(Jay,2018),并逐渐形成一种新的规划形式——柔性规划(soft planning)。

柔性规划认为,规划已从关注地域、层次、嵌套的结构和活动变为真正的多尺度、网络化的实践组合(Haughton et al.,2015)。它强调各种形式的跨界合作。以某一特定的但边界模糊的地域为对象,通过鼓励众多公司与组织的介入,形成丰富的非正式合作网络,从而在正式空间无法发挥效力的领域实现特定的规划目标。柔性空间规划与硬性空间规划存在诸多区别(Kaczmarek,2018)。柔性规划更具灵活性、参与性,方便共同学习与分享,使得在面对复杂的利益相关者与法定制度的约束时有更加敏捷的应对能力。但是柔性规划不具备法定性,规划成效往往会打折,导致能量有限;同时,它致力于长期影响,可能难以满足当下的需求。

2.3.2　创新活动的空间多维性

1) 创新地理空间

以往研究中出现的"创新空间"一词,多指创新实体空间(张苏梅等,

2001)。为了区别于网络空间中的虚拟创新空间,本书采用创新地理空间的术语来界定真实地理空间中的创新实体地域。已有研究从多个方面介绍了创新地理空间的定义。如曾鹏等(2018)提出城市创新空间是以创新、研发、学习、交流等知识经济主导的产业活动为核心内容的城市空间系统;王兴平等(2015)从功能角度将创新空间分为"知识型"创新空间与"产业型"创新空间;郑德高等(2017)将社区纳入进来,构建了以校区、园区、社区为主的城市创新空间体系。

早期学术界对创新地理空间的关注是以城市为单元的综合空间组织。突出城市区域在创新全过程或某一环节的主导功能,并与全球城市体系(网络)联系起来,强调城市创新功能在区域创新网络中的嵌入位置与结构锚固。近年来,对这种综合创新空间的关注逐步走向中微观,开始思考创新活动带来空间变化与组织变革的深层次原因。国外较早提出科学城、研究园区、高新技术园等创新空间,以及学习型区域、研发城市、创新城市等概念。创新活动的全球化趋势不断重塑创新空间形态,美国布鲁金斯学会提出用"创新区"来理解创新空间的新变化(Katz et al.,2014)。受此影响,张尚武等(2016)提出知识创新区概念,包括"大学+企业"与"大学+企业+城区"两种模式;邓智团(2017)提出创新街区概念,是指在城市内部创新创业活动高度集聚的街区空间。我国学者陈秉钊等(2007)也较早地提出了"知识创新空间"的概念,将其定义为创新性企业的集聚区。王纪武等(2017)率先提出创新集聚区概念,借助生态学理论解析了创新集聚区的构成要素、机制与组织模式。

近年来,城市规划领域对于创新空间的响应研究呈现出极强的实践导向。研究内容涉及城市创新空间的场所营造策略(邓智团等,2020)、创新用地供给政策(卢弘旻等,2020;唐爽等,2021)、与创新结合的城市更新(李劼杰,2018)、创新导向的空间治理措施(张京祥等,2021)、产业单元的规划策略(蔡云楠等,2021)等,总体属于从地理空间维度配置创新资源促进知识创新活动的阶段。

总之,目前关于创新地理空间的研究聚焦于概念界定、模式识别等静态特征的总结与规划应对措施,但是相关研究所关注的创新活动类型往往较为宽泛,忽视了不同类型创新活动的特质。知识创新活动空间的研究在国内受到的关注越来越多,但对于知识创新地理空间特征的总结还有待完善。

2)创新网络与创新网络空间

创新网络的发育与嵌入离不开各类城市创新主体的配合,而强大的创新网络有助于吸引外部知识、加速知识流动,为推动地理空间的重组与更新提供驱动力。一方面,既有研究从理论与实证上都论述了空间距离、空间品质、知识联系等因素对知识创新活动的影响。如上述创新地理空间论述所呈现的那样,创新往往是集中于一定的地理范围。尽管通信与运输技术的提升导致地理距离的重要程度被削弱,但有证据表明地理距离仍然显著影响创新活动与创新网络的发展(Rammer et al.,2020)。与此同时,空间品质也通过对创新人才的吸引(Florida,2002)以及社会互动的促进而推动着地区创新活动的结网行为;外部知识关系正在影响着企业创新在空间上的组织模式(Teirlinck et al.,2008)。

另一方面,研究者从不同侧面提出了网络空间中的知识创新活动对地理空间的影响。第一,知识创新活动通过创新网络的空间扩散造成创新资源向外分散,新的创新主体往往选址城市郊区,带动郊区创新活动的活跃,促进城市边缘区的发展(邓智团,2014);第二,大型创新主体具有较强的衍生效应,能够在自身周边孵化出众多中小型的创新机构(Montresor et al.,2017),这种集聚同时会鼓励各类服务设施的进入,增强了用地的多样化,创新人才的生活需求也会刺激服务水平的提升,导致地区空间品质的提高;第三,创新网络跨越不同空间尺度而存在,城市创新网络对外的联系越多,城市所处的网络空间尺度就越大,城市将迎来关系升级(Glückler et al.,2016b),使得自身在全球创新网络中的位置更加居于核心,拥有更强支配与集聚创新资源的可能(Ye et al.,2020)。

3)网络作用下的创新地理空间变化

(1)创新对流

对流的物理学意义是指流体内部由于各部分温度不同而造成的相对流动过程。将这个概念应用到创新活动中,用于描述创新网络之中由于技术优势的不同而出现的创新资源相互流动的溢出现象。创新对流现象既发生于不同城市之间,也发生于知识信息的网络空间之中。这种对流现象引起了日本的高度重视。在2015年颁布的《日本国土形成规划》中,明确提出建立"对流促进型"的国土空间,刺激创新的发生(马璇等,2019)。对流的产生要求畅通各种要素的流动渠道,打通地理空间与网络空间之间的联系,实现全面的流动状态。

(2)空间平移

空间平移是指在某种推力的作用下,空间按照某一方向整体移动,空间内部的构成和功能并不发生改变的现象。这里的空间可以是单纯的地理空间,发生的是某个创新机构或创新功能在空间选址上的移动;也可以是地理空间与网络空间的融合体,发生的是数字化时代下创新功能从地理空间整体移动、重现、回流到信息网络空间之中的创新现象。

创新空间的地理迁移已经司空见惯,但创新空间的虚拟化迁移则是近年来才显现出明显的趋势。其中最为常见的平移就是基于各种网络平台在网络空间中的移植与再现原本只存在于地理空间中的某些功能。譬如,各地的科技成果转化平台将原本的各种交易大厅复制到网络中,通过网络空间的广域传播增强了各种信息的可达性。又比如,制造业企业借由互联网与数字化打造的"工业云"平台,成为依托于虚拟空间的创新集聚模式(王如玉等,2018)。

（3）边界模糊

知识创新活动具有极强的空间不确定性，这种不确定性使得创新活动难有明确的边界。一方面，创新活动萌芽的场所难以预测，并不局限于特定的地理空间，并非通过规划手段进行空间供给就一定能够保证创新的发生（张京祥等，2019）。另一方面，以数字化、互联网等技术为特征的当代信息网络空间打破了传统地理空间边界的桎梏，造成创新活动的边界越来越模糊（邱坚坚等，2020）。一项知识创新可能由多个地区共同所有，难以归属于某一特定组织或地区。

2.3.3 创新资源空间配置与多维创新空间的形成

1）资源配置的一般方式

资源配置就是资源投入的方向和分配，为各类社会经济活动的开展提供了生产资料来源。因此，资源的空间配置结果在很大程度上影响了经济活动的空间分布。资源配置的基本方式包括计划经济与市场经济。计划经济方式往往基于宏观层面，主要途径有发展战略、产业与贸易政策、市场制度建设与公共投资等（胡晨光等，2011），目的在于提高区域资源的利用效率。因此，政府是资源配置的宏观主体。市场是资源配置的另一种途径，指在开放市场环境下，企业等实体机构通过市场竞争的手段，依据市场需求来分配经济资源的过程（孔令池等，2016）。不论何种方式，均会对经济集聚行为产生显著的影响。

两种资源配置方式的差异决定了资源配置的结果（姜凯凯，2021；聂晶鑫等，2021）。从所有制角度来看，计划经济采取公有制制度，社会生产资料不具有排他性；而市场经济中的生产资料都是被个体或集体所拥有，形成私有制。在决策过程中，前者存在一个"指挥中心"，通过集中决策的方式以政府指令形式进行资源配置；而后者则由市场主体分散决策。因此，政府计划经济设计配置方案的原则是社会效益的最大化，并由政府来行使资源的配置权、调节权与协调权；相反，市场经济依据价格机制产生供需方案，市场主体基于自身利益最大化进行自愿的资源交换。两种方式各具优势，前者的资源配置方案实施成本较小，制定成本较大；后者的资源配置方案制定成本较小，实施成本较大。

2）创新资源的空间配置

创新资源是一切创新活动的核心要素，对于城市与国家创新竞争力的塑造具有重要意义。作为一类特别的资源，它具有公共物品属性、正外部性与空间根植性等属性。创新资源配置是"创新资源在不同时空中的分配和使用"（周寄中，1999）。这一配置过程涉及配置主体、配置内容、配置方式、配置过程、配置载体等。譬如，王雪原（2015）提出政府配置创新资源的重要方式包括科技计划分配、创新平台赋予、财税补贴政策等；李应博（2009）认为，在创新资源配置中除了存在政府主导型的配置与市场配置方式外,二者融合的产学研合作同样是创新资源配置的重要形式。空间配置是创新资源配置的重要维度之一,创新资源在地理空间上的集聚形成了不同大小的载体形态,是塑造国家、地区、城市内部等层次创新空间的重要推动力。创新资源的空间配置过程(王蓓等,2011)包括创新资源的空间分布、空间配置效率以及创新资源配置与区域创新关系等。

3) 作为创新资源载体的多维创新空间

优化创新资源空间配置、打造具有吸引力的创新空间载体是规划专业提升城市创新竞争力、促进经济创新的重要方式(张京祥等,2019)。规划理论认为创新资源的空间配置包含两个方面:一是对于创新资源的直接配置。这种方式主要是为承载多种创新要素的创新平台提供合适的场所。我国政府设立了多种类型、多种层级的创新平台,是创新资源的理想载体。规划通过为这些平台提供适宜的选址,引导创新资源向特定地区集中。二是通过对空间要素的配置吸引创新人才与创新机构。为满足创新人才的实际需求,规划通过用地供给、基本公共服务供给等空间要素的配置方式打造舒适的创新物质环境。上述的创新要素与空间要素共同构成了创新空间。由于创新网络的存在,创新地理空间具有地理集聚与网络集聚的双重特征,表现出多种创新集聚载体复合的形态。

总体而言,空间视角下的创新资源配置研究还比较欠缺,主要关注资源配置的宏观空间结果,对于创新资源配置影响创新活动集聚进而塑造创新空间的过程所涉甚少。

2.3.4 地理—网络集聚耦合下的创新空间布局

1) 地理—网络集聚耦合下的空间布局

与相关学科一样,城乡规划领域也极为关注流动/网络空间的研究。规划界试图归纳出网络集聚对于空间要素配置的影响,从而构建适应场所空间与流动空间的空间布局方法。传统规划理论对于城市空间结构与产业用地布局的安排等建立在"中心地"等理论模型之上,强调交通区位条件与产业集中布局,分散的产业布局往往被认为不够"经济"。这种规划思想深刻影响了我国的开发区、新城等生产要素密集空间的发展。然而,要素的一味堆积并不必然产生地理集聚效应,考虑到要素流动日益加快,传统规划布局方式的绩效是值得怀疑的。

在国土空间规划时代,城市与区域正面临着"网络"与"地域"、"场所"与"流空间"、"硬性"与"柔性"等虚实空间关系的协调问题(张艺帅等,2018,2021;刘合林等,2021)。为应对流动空间的变化,一些新的规划理论与方法应运而生,如"以流定形"的规划理论、"中心流"理论(Taylor et al.,2010)等。还有学者试图整合中心地理论与中心流理论形成统一的区域空间组织理论(Zhu et al.,2022),提出区域中心城市是耦合城镇体系与城市网络的关键锚点。这一区域层面的理论构想为城市内部的微观层面提供了一定启示，如大型机构是链接城市内部地理集聚空间与网络集群之间的耦合锚点；多中心的结构同样可以映射到城市内部，推动城市形成更加显现的创新多中心性。

在规划实践中也凝练出了相应的发展战略。杭州市通过平台城市建设策略提升城市对外链接的能力，以服务于城市融入全球生产网络的需求（王波等，2017）。还有更多城市内部空间的优化通过用地多样化、空间品质优化等方式来增强对多变经济活动的适应能力。部分学者尝试以线上与线下结合的方式来进一步促进城市的发展（毛茗等，2021）。不难发现，柔性治理能力的提升是应对城市发展复杂局面的趋势，其具体机制仍需挖掘。

2）规划实践中的创新空间布局

创新空间是创新驱动战略下我国城市的重要构成部分，也是国土空间规划的重要内容之一。城市创新空间的布局被北京、上海、深圳、南京等城市列为国土空间总体规划的内容之一。近年来，创新街区、特色小镇、高教城、大学城、科学城或科技城、创新廊道等创新空间（孙文秀等，2019；许凯等，2020）在实践中层出不穷。规划领域对创新空间的干预是通过空间要素与创新要素的引导来实现的。因此，识别影响创新活动的各类要素是创新空间规划布局的基本方式。实践经验表明，与创新空间布局密切相关的空间要素对应于创新产业与创新人才的需求（唐爽等，2021；张京祥等，2019，2021；蔡云楠等，2021）。这些引导要素可概括为混合用地、多元服务、高品质居住、宜人的开放空间、便捷的区域交通、舒适的社会交往场所等。

3）地理—网络集聚耦合下创新空间布局的思考

在创新全球化的今天，城市创新空间的规划布局必须建立在创新活动受到地理集聚与网络集聚共同作用的事实上，对此，从梳理地理空间与网络空间各自响应创新活动的要素配置与组织模式开始。

创新空间的组织遵循"人—产—城"的新逻辑，创新机构与创新人才的需求最为关键（唐爽等，2021；张京祥等，2021）。其中，创新机构拥有基本经营需求与知识创新需求，地理空间的响应主要是用地、公共交通、创新设施等硬环境的针对性配置，网络响应则是建立新的创新组织生态、提供创新交流机会为主。创新人才的需求包括生活需求与创新需求，地理空间中的响应以提供舒适的居住、休闲、文化与社交为主，而网络空间中的响应则是加强信息与数字化设施支撑，方便人才参与线上生活、与同行交流，利于思想的碰撞与知识的分享。

从空间组织模式角度来看，创新空间布局遵循传统的区位理论（表2-3），其空间组织的关键要件包括等级化公共中心、功能板块、交通廊道以及配套服务功能等，构建了"创新中心—创新集聚区—创新单元"的多层级、多中心空间体系（王纪武等，2017；蔡云楠等，2021），用于落实各项创新要素的配置。而创新网络的组织遵循中心流等拓扑理论，创新组织的基本结构组件包括锚固节点、知识管道与多级尺度,从而形成"管道—枢纽"型的多中心网络结构(王纪武等,2016)。两种模式的结构基础是多中心结构原型。多中心的地理结构有利于知识碰撞,反过来,创新网络会加速多中心结构的形成,使得城市内部空间变得扁平化。

表2-3 创新空间与创新网络的组织模式对比

维度	创新空间	创新网络
理论基础	中心地等区位理论	中心流理论
结构组件	创新服务中心、公共交通、多样化功能单元、配套服务组团	锚固节点、知识管道、多级尺度
组织模式	"创新中心—创新集聚区—创新单元"的多层级、多中心空间结构	"管道—枢纽"型的多中心网络

总之,从单一角度针对创新空间优化的讨论较为热烈,但耦合创新网络作用的城市创新空间规划的优化方法研究还不多见。现有研究结论表明,多中心结构可能是二者得以结合的关键点,也可能是规划学科施展空间干预手段的落脚点。未来应致力于通过对地理空间环境的优化与创新资源的配置来实现二者在空间上的耦合发展。

4) 柔性规划指导下的创新空间布局

柔性空间理论通过糅合了跨越各种正式建立的规划边界和规划层次、跨越不同部门的各种关联关系,为解决以正式空间难以实现的部分规划目标提供了潜在途径。从目前创新空间与创新网络日益交叠的态势来看,引入"柔性空间"理论指导多维创新空间组织具有合理性与必要性。

第一,创新的不确定性带来了创新空间的易变性与模糊性(张京祥等,2019)。创新是否发生、在哪里发生、由谁发明都是难以预测的,创新空间的形态自然难以捕捉。不同创新活动对空间的需求不尽相同,如源头式创新要求舒适、安静的环境,应用式创新偏好多元、互动的空间环境(李福映等,2019)。中国城市规划设计研究院原院长李晓江认为,创新空间是非等级、非清晰结构、非单一用途的。这说明,创新的空间无法清晰界定,模糊的边界能更好地适应创新的不确定性。

第二,创新的形成依赖于多种社会关系,知识流动渠道至关重要。在开放创新环境中,创新的技术研发、资金、空间等不同要素通过各类合作关系联系起来,形成更加利于创新的组合。众创空间汇聚了各类社会资本与关系网络,是知识创新活动的重要来源(王波等,2017)。更宏观而言,从零和竞争模式转向合作的网络组织是知识创新时代的城市远景的重要战略转向(郑德高等,2019)。

第三,创新活动需要更加弹性的治理机制。不确定的创新产出与众多利益相关者的参与,要求多维创新空间的组织应具备足够的柔性思维(张京祥等,2019;张惠璇等,2017)。相较于产业园区等地理集聚原理指导下的空间,顾及网络集聚优势的创新产业组织可通过广泛的跨界合作进行弹性的创新空间组织(张惠璇等,2017)。已有研究中总结出"一区多园"(杨青等,2016)、"经济飞地"(李鲁奇等,2019)、"合作园区"(张鹏等,2020)、"企业并购"(张永波等,2017)等多种柔性运作的方式。这些策略与柔性空间的规划策略是不谋而合的,说明"柔性空间"理论对于知识创新活动的空间布局工作具有良好的适用性。柔性空间对跨界合作、伙伴关系、组织弹性等治理工具的应用有助于规划解决城市创新空间易变性、网络化等的挑战。

第四,需要强调的是,城乡规划学科以实体的物质空间为对象,重点关注各项实体要素的配置对社会经济发展需求的适应(吴志强等,2005)。因此,从学科特点出发,将重点关注武汉市创新空间的地理集聚与网络集聚的协同耦合关系,进而思考如何通过优化创新空间的布局来促进其创新效率的提升。至于创新网络集群的内部组织与引导则是管理学、区域经济等专业的专长,不作为本书讨论的重点。

2.4 已有研究的综合评述

2.4.1 较为系统地解析了创新空间的地理集聚特征与规律,对创新微观地理集聚机制的实证有待深入拓展

随着创新驱动对经济发展的重要作用得到认可,创新空间成为经济地理、城市发展以及城市规划领域关注的热点议题。既有研究表明,地理距离对于创新活动的开展存在重要影响,并被作为打造产业园区以促进创新集聚的理论基础。首先,提出了多种指数以测度创新空间的地理集聚程度,实证了创新在多尺度上的空间集聚性;其次,基于产业集聚的研究,纳入了科研院校、服务机构等创新主体,丰富了创新地理集聚的空间模式;最后,总结了以地理距离为核心的诸多影响因素。从支撑创新空间布局的规划实践角度来看,上述成果多集中于城市与区域尺度,有必要分析城市内部微观创新空间的集聚机制。

2.4.2 关于创新网络的集聚结构、模式等的研究大量兴起,对网络集群形成机制的分析尚处于开端

在跨地域创新合作中涌现出的创新网络,是创新主体、创新联系等多种要素的集合。大量研究聚焦于城市创新网络的特征描绘,积累了较为丰富的成果。一方面,创新网络一般以科研院校与大型企业为重要节点,形成多中心的、超越地理距离的拓扑结构;另一方面,创新集聚的模式与节点类型、联系类型以及尺度等有关。此外,已有研究也涉及创新网络形成的动力机制,如多维邻近性学说。然而,关于网络集聚的研究才刚刚展开。目前的研究还在探索如何准确地测度网络集聚效应,核心视角是城市层面

网络集聚性的分析。创新主体是网络发挥外部性作用的基本单元,对于了解网络集聚的微观机制颇为关键。因此,有必要从微观视角出发,深入讨论网络集聚中的网络集群是如何形成的,为提升城市创新效率提供新的理论依据。

2.4.3 地理集聚与网络集聚的关系成为新兴的研究热点,而二者之间的耦合及其机制仍未得到充分解答

网络与"网络空间"概念的兴起,使得人们开始从网络角度重新审视基于地理空间的传统概念,譬如地理集聚。近年来,国内外学术界注意到,城市不仅能够从内部的聚点集聚效应中获得生产效率上的提升,而且能够从对外联系的网络中获取外部效应。这将为创新空间的规划布局提供新的思路。但是,创新网络集聚如何发挥作用?创新空间中地理集聚与网络集聚的耦合关系如何?关系背后的原因为何?这些问题都尚处于探索阶段,既有研究还没有给出清晰的答案,这些问题是后续研究的重要方向。

2.4.4 优化城市创新空间布局的规划实践逐步涌现,但对双重创新集聚的耦合发展在实践中的应用思考略显不足

落实创新驱动国家战略要求城市不断提升创新能力。在国土空间规划体系中,城市创新空间布局成为重要内容。一方面,以认知与辨析创新地理集聚规律作为组织产业布局、创新资源配置的依据是创新规划实践的主导思路。以产业园区汇聚高新技术企业并提供良好的本地环境品质与创新服务是全国各地流行的手段。另一方面,实践者也尝试从创新网络方面发掘城市通过网络优势助力城市创新能力提升的可能性。然而,已有研究大多停留在对创新网络规律的识别阶段,对如何发挥网络效应带动地方创新并应用于规划实践中的路径尚不清晰。事实上,规划领域也试图为应对"流空间"而提出新的规划理论,譬如在欧洲涌现出的"柔性空间"与"柔性规划"。这些新的理论学说为从地理—网络集聚耦合发展角度优化城市创新布局提供了可能。

3 城市创新空间的特征与形成机制

3.1 数据处理与研究方法

3.1.1 数据来源

1）核心数据确定

反映城市知识创新活动的数据指标是研究的关键。测度创新活动的数据包括科技论文发表数据、专利申请数据及其他数据（邓永旺等，2020；Balland et al.，2020；吕拉昌等，2018；司月芳等，2020；刘晓畅，2021；马海涛等，2018；桂钦昌等，2021；Heimeriks et al.，2019；Gui et al.，2019）。其中，专利数据侧重于反映技术创新，科技论文数据侧重于反映知识创新，均是测度创新的重要指标。论文数据是目前研究中普遍采用的数据之一，其可靠性得到了广泛认可。这类数据包含了两个部分：一部分是创新属性数据，包括论文发表机构、论文发表量等；另一部分是创新关系数据，主要是主体间的合著关系。

目前存在多个论文数据库收集公开发表的论文数据，主流的包括国内的知网数据库、万方数据库与国外的科学网（WoS）数据库等。从全面性与可获得性角度考虑，本书选择了万方数据库与科学网（WoS）数据库。其中万方数据库是我国的大型论文数据库之一，科学网（WoS）论文数据库由汤森路透公司建立，包含科学引文索引扩展版（Science Citation Index Expanded，SCIE）、社会科学引文索引（Social Science Citation Index，SSCI）、艺术与人文科学引文索引（Arts & Humanities Citation Index，A&HCI）等多种子资料库，是全球闻名的引文数据库之一。

不同于以往研究对于城市所有科技论文统一处理的做法，本书只选取了与武汉市三大产业发展直接联系的论文数据，理由如下：一是并非所有论文中蕴含的知识对城市经济发展的作用一致，文学、艺术等领域的知识往往以拓展人类认知为主，对技术进步与经济发展的直接推动作用有限。选取与重点产业相关的论文数据更有助于体现知识的经济驱动作用。二是上述知识分类的标准难以界定，选取重点产业利于分辨出对产业发展与技术创新更加直接相关的知识数据。三是聚焦若干重点产业便于研究更加深入。

本书所采用的微观数据具有代表性强、空间精确度高的特征,虽然耗时较多,但相较以往研究具有明显优势。其一,由于不同语言数据库贯通整理的工作量较大,一般研究只选取某类语种的数据库(Cao et al., 2022)。融合了中英文语种的数据提升了数据的代表性。其二,对论文发表机构地理坐标的精确编码确保了微观空间分析的准确性。以往研究多数聚焦于宏观层面,只需要对城市进行地理编码即可,工作流程较为简便。本书针对微观主体的地理编码过程,采用地图应用程序接口批量编码的方式将出现较大的误差,从而影响最终的空间分析结果。为此,采用人工抽样校对的方法来提升创新主体空间位置的准确性。

2)论文数据获取

论文数据的获得经过了"初选—主体确定—反选"的过程(图3-1)。首先,以"地址=武汉"为条件,检索两个数据库的全部论文数据,并得到所有发表论文的机构作为初始的备选主体集;其次,通过逐一确认的方式,判断备选主体数据集中属于三大产业领域的创新主体,作为本书研究中的创新主体数据集;最后,通过创新主体数据集回溯得到其发表的论文数据,并进一步整理得到研究所用数据。数据主要包括两个部分:其一,创新主体的空间位置、发表论文量、机构类型等属性数据;其二,创新主体间合著论文的合作关系数据,具体有关联关系强度、尺度以及关联节点等。

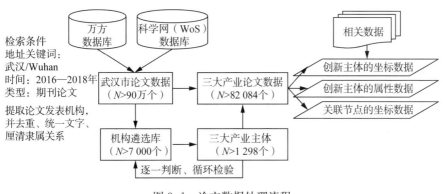

图3-1 论文数据处理流程

注:N 表示样本数。

3)其他数据的获取

根据研究需要,还采集了基础地理信息数据、属性数据、政策文本数据等多源数据。第一,基础地理信息数据主要是地理边界以及各类城市设施站点等带有地理信息的数据,包括武汉市标准地图边界、各开发区与产业园区边界、城市道路与轨道交通站点数据、城市公园等。环境舒适性数据来自我国首次地理国情普查数据库中的水域与绿地图层,地铁站点数据源自百度地图数据,企业数据查询筛选自"企查猫"企业信息查询网站,土地价格数据来自武汉市国土资源和规划局发布的"武汉市2014年工业用地级别与基准地价图",双创孵化机构与创新服务机构数据来自武汉市科技创新局官网,中小学校与娱乐设施点位数据抽取自 2018 年武汉市兴趣点(Point of Interest,POI)数据,国家级开发区与各专业园区的空间边界数据收集自官方发布的相关规划以及各类公开资料。

第二,属性数据包括研究院所、创新服务机构等各种创新资源、武汉市三大产业所属的全部企业等数据,主要用于创新地理集聚的分析环节。其中,创新资源数据源自武汉市科技创新局官网,三大产业中所属企业信息检索自"企查猫"企业信息查询网站。

第三,政策文本数据主要收集自相关政府部门的官方网站或者新闻报道、媒体文章等,主要应用于背景分析、解释说明与相关论证补充环节。

4) 数据时段的确定

本书将论文数据时间段界定为 2016—2018 年,其余数据的时间节点以 2018 年为准。选取三年时间段有两点原因:一是,一篇学术论文从投稿到最终见刊要经历多个处理环节,发表时间具有不确定性,多年时段有助于降低对研究结果统计的潜在影响。二是,在机制解析中所涉及的诸多解释变量可能存在内生性,采用多年数据有助于消除计量分析中可能出现的内生性因素的影响。

3.1.2 数据处理

通过关键词检索得到 2016—2018 年武汉市发表的论文数据,包含发表时间、发表机构等条目。首先,确定创新主体。为细化参与知识创新的具体高校院系,尽可能将高校划分至学院一级。此外,当学院与所挂靠的研究机构共同署名时,将其归属于研究机构。其次,将通过地理编码方法解析创新主体的地理坐标储存备用。最后,统计创新主体的论文发表量。数据显示,武汉市内三大产业共有创新主体 1 298 个,其中汽车产业 125 个,光电信息产业 427 个,大健康产业 746 个,详情见表 3-1。

表 3-1 武汉市创新产出统计

类别	数量/个	论文数量/篇				
		最小值	最大值	总和	平均值	标准差
总体	1 298	1	8 510	81 816	63.032	394.545
汽车产业	125	1	378	1 787	14.296	52.007
光电信息产业	427	1	2 172	14 999	35.126	167.583
大健康产业	746	1	8 510	65 030	87.172	503.092

3.1.3 核心指标

1) 主体密度

创新主体是创新活动的载体,在空间中集中出现会形成地理集聚现象,其高密度分布的地方往往是创新活动高度活跃的地方。本书聚焦于微观创新主体,为反映创新主体分布密度的不均匀程度,放弃了固定空间网格式的密度计算方式,而是以单个创新主体在一定半径内的主体密度作为指标,并根据不同的分析对象选取合适的半径参数。

2) 创新产出

创新产出是指创新主体在一定时间内产生的创新成果数量,反映其创新能力的高低。此处,以创新主体在 2016—2018 年发表的科技论文数量作为衡量指标。创新主体发表的论文数量越多,表示创新产出越高,也就具备越高的创新能力。

3.1.4 研究方法

1) 核密度分析

核密度分析(kernel density analysis)是计算点要素在其周围邻域中的密度,是探索空间集聚分布热点的重要工具(王铁等,2016;段吕晗等,2019;舒天衡等,2020)。该方法认为,主体的区位选择可以是特定地理空间范围中的任意位置,但处于不同位置的概率不同。存在一些区位选择概率高于其他地方的位置,即地理集聚热点。该方法假定点集 $\{x_i, \cdots, x_n\}$ 是从总样本 A 中抽取的子集,某一点 x 处发生的概率估计值为 P_i,是其周边一定范围内所有创新主体的加权平均密度。核密度的函数表达式为

$$P_i = \frac{1}{n\pi R^2} \times \sum_{j=1}^{n} K_j \left(1 - \frac{D_{ij}^2}{R^2}\right)^2 \tag{3-1}$$

式中:K_j 为研究对象 j 的权重;D_{ij} 为空间点 i 与研究对象 j 的距离;R 为选定范围的带宽值;n 为带宽 R 范围内所有研究对象的数量。

在核密度分析中,带宽选择是影响空间热点探测结果的关键(许泽宁等,2016),带宽的确定视具体研究问题而定。带宽值越小越利于反映密度分布的局部变化,带宽值越大越利于反映密度分布的整体特征。为避免创新活动空间特征被过度强化或弱化,用基于增量空间自相关的方法来确定最佳带宽。

2) 基于分层密度的抗噪声空间聚类算法

空间聚类是指将空间数据中集中的对象分成由相似对象组成的类的算法,广泛应用于研究产业空间布局和产业集聚空间识别等领域(巫细波,2019)。一般而言,可依据距离、层次、密度、网格与模型等方式进行空间聚

类。产业空间布局往往沿道路、河流布局,不规则性较强,不太适用于基于距离的聚类方法。为此,有学者尝试采用具有噪声的基于密度的聚类方法(Density-Based Spatial Clustering of Applications with Noise,DBSCAN)(He et al.,2014)来研究产业要素的空间集聚模式。具有噪声的基于密度的聚类方法(DBSCAN)是一种典型的基于密度的机器学习聚类方法,其最大优势是引入密度可达和密度相连等概念实现对不同密度区域数据的有效的区分,对聚类形态有较大自由度(杨帆等,2016)。该方法包括两个关键参数 ε 与 MinPts。其中,ε 是给定对象的半径;MinPts 是一个对象的 ε 邻域内所包含的最少对象数目。但这两个初始参数的设置较难把握,当数据密度差异较大时,会导致聚类结果不稳定。

针对具有噪声的基于密度的聚类方法(DBSCAN)的缺陷,有学者提出了改进的基于分层密度的抗噪声空间聚类(Hierarchical Density-Based Spatial Clustering of Applications with Noise,HDBSCAN)方法(Campello et al.,2013)。该方法的特点是对数据特征要求少、对初始参数的敏感度较低、聚类结果具有稳健性等,实用性大为提升。它通过一种被称为相互可达距离(mutual reachability distance)的新指标来实现对不同密度簇群构建树形的层次聚类结构,从而便于识别和提取不同密度聚类,得到更具稳健性和可靠性的聚类结果。本书采用该方法从微观角度识别武汉市创新活动的聚类,作为识别创新集聚区的基础。

3) 首位度分析

首位度指数原用于测度城镇体系中的要素在最大城市的集中程度,此处用于反映创新集聚区内最大创新主体的节点能级首位度水平,公式如下:

$$S = \frac{P_1}{P_2} \tag{3-2}$$

式中:S 为首位度指数;P_1 为首位创新节点;P_2 为次位创新节点。

4) 二值逻辑回归模型分析

以往的地理集聚分析常以特定的地理单元为对象,将集聚视为一定空间单元内主体数量与影响要素的效用函数,是一个关于离散型计数变量的模型。因此,多采用泊松(Poisson)回归模型(张丽等,2020)、负二项回归(段吕晗等,2019)、零膨胀泊松回归(郭楠楠等,2019)等计数模型,这些模型被有效运用于各类企业的集聚因素分析(林娟等,2017;谢敏等,2017;张晓平等,2012)。

采用计数模型研究武汉市创新主体的地理集聚机制,希望能够得到预期中的结果。然而,此种方法很难运用于网络集群形成的研究之中。为了统一两种集聚机制的模型,采用另一种决策分析模型——二值模型来分析集聚形态的形成问题。集聚区/网络集群的形成可看作不同创新主体的位置选择,即是否位于集聚区/网络集群的二值选择问题。二值选择逻辑(Logit)模型不仅广泛应用于居民出行决策研究中(陈梓烽等,2014),而且适用于企业选址方面(项雪纯,2020)。

按照相关理论,创新主体的选址是综合考虑各种因素后的决策过程,涉及建成环境品质、产业环境质量、创新氛围浓度、政策环境友好性等多个方面,还与创新主体自身的属性相关(曹贤忠等,2019a)。基于此,建立如下的二元逻辑(Logit)模型:

$$\ln\left(\frac{P_t}{1-P_t}\right) = \gamma X + \delta controls + \varepsilon \tag{3-3}$$

式中:P_t 为创新主体选择坐落于创新集聚区内的概率;t 为创新主体的数目;γ 为各影响因素的系数;X 代表各类影响因素,包含建成环境类、产业环境类、创新环境类、社会环境类、政策环境类等因素;δ 为控制变量的系数;$controls$ 是控制变量,包括创新主体的创新产出、资金来源等指标;ε 为误差项。

3.2 创新主体的构成特征

3.2.1 主体规模结构

创新主体呈现出"企业为主、公私各半"的规模结构特征,表明武汉市创新活动的主要参与者是企业,受到国有资金与民间资金的双重支持。图3-2显示了创新主体的类别分布。总体上,企业在六类创新主体中的占比达到59.17%,远超第二位的医院,后者的占比仅为19.18%;随后的是研究机构、政府机构与其他机构,占比最少的为高等院校(2.39%)。各产业内部表现出企业为主、次要主体各异的特征。其中,汽车产业中企业占比超过80%,次要主体是其他机构;光电信息产业中企业主体的占比接近85%,次要主体变为研究机构;大健康产业中企业的占比稍低,次要主体医院的数量与之差距很小。

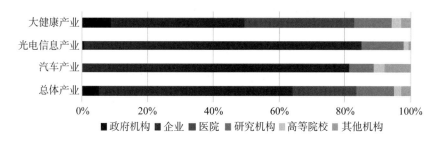

图 3-2 主体的类别数量结构

图3-3显示了创新主体的资金来源分布,可见国资与民资近乎各占半壁,呈二足鼎立之势。总体上,国资主体占比为44.07%,略低于民资主体的48.61%,显著高于外(合)资主体的7.32%。具体到三大产业:汽车产

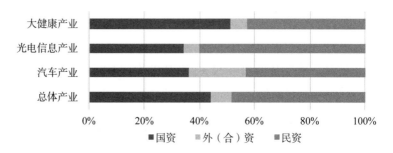

图 3-3 主体的资金来源数量结构

业的外资参与度更高,外(合)资主体的占比最高(20.80%);光电信息产业以民资为主导,占比几乎超过国资主体的一倍;大健康产业的公私参与度较为均衡,国资与民资主体的数量相当。

3.2.2 主体产出结构

创新主体的产出呈"医院/研究机构占主要、多数由国资支撑"的结构特点。这说明武汉市的知识创新产出主要依赖于医院与研究机构,而非数量更多的企业;与之对应,国资对武汉市创新产出具有绝对的支撑作用。在各类创新主体中,医院的创新产出量占比达到54.61%,超出第二位的研究机构一倍有余;紧随其后的依次为高等院校、企业、政府机构与其他机构,占比最少的其他机构仅贡献了0.51%的创新产出(图3-4)。其中,汽车产业与光电信息产业的产出顺序是"研、产、学",大健康产业的产出顺序是"医、学、研"。

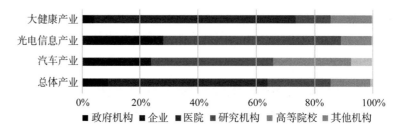

图 3-4 不同类型主体的创新产出结构

图3-5显示了创新产出所对应的资金来源结构,国资对各产业的贡献均超出80%,是武汉市知识创新产出的绝对支撑。总体上,国资的贡献占比为94.81%,民资与外(合)资主体的贡献分别仅为4.13%与1.06%。其中,汽车产业中外(合)资主体的贡献在三个产业中最高,达到11.63%,位居该产业内的第二位。在光电信息产业与大健康产业中,民资主体均占据第二位,占比分别为6.48%、3.52%,外(合)资主体的贡献程度较低。

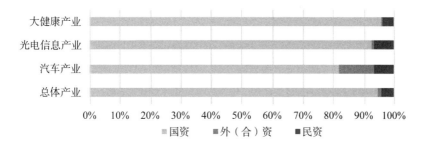

图 3-5 不同资金来源主体的创新产出结构

3.3 创新主体的空间分布特征

3.3.1 空间位置分布特征

1) 总体特征

武汉市创新活动的总体空间分布表现出"一带多点"的多中心特征,热点区域从主城区绵延至各副城(图3-6)。其中,"一带"指横跨汉口、武昌的条带状热点区域,西至汉口的华中科技大学同济医学院、东至东湖高新区未来科技城。"多点"包括武汉经开区沌口片区、同济医学院、武汉大学、华中科技大学、光谷光电子信息产业园等点状热点区域。

2) 分产业特征

不同产业创新活动的热点呈现出散点状分布,主要处于各类专业园区,具有显著的"园区集中"特征。其中,汽车产业明显呈"一核集聚"空间格局(图3-6)。核心热点区域位于沌口的先进制造产业区——武汉经开

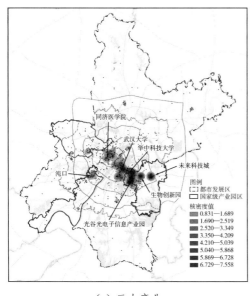

(a) 三大产业

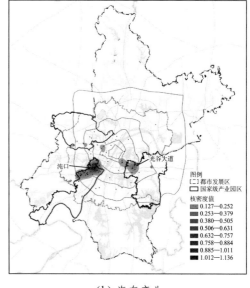

(b) 汽车产业

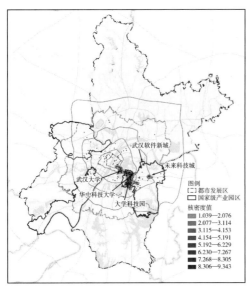 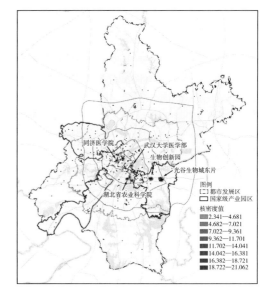

(c) 光电信息产业　　　　　　　　　(d) 大健康产业

图 3-6　武汉市创新活动空间位置的核密度分布

区的汽车产业专业园区之一,次要热点处于光谷大道沿线,另外两处热点位于汉口。

光电信息产业内的热点地区形成"一主两副"的空间分布特征。各热点区集中于二环线以外的东部地区,其中,"一主"核心热点处于华中科技大学至大学科技园间的关山大道沿线,隶属于东湖高新区的光谷光电子信息产业园,创新主体集中程度最高。"两副"其一是未来科技城,为光电信息产业的专业园区之一;其二是集聚在武汉大学周边的空间信息产业集聚区,也是唯一处于专业园区之外的热点。此外,武汉软件新城属于小型热点,但集聚规模有限。

大健康产业创新活动形成"多点均衡"的空间格局。热点地区从一环线延续到四环线,二环线以内的热点集中于华中科技大学同济医学院、武汉大学医学部周边,三环线内的热点集中于湖北省农业科学院附近,四环线内的热点集中于生物创新园与光谷生物城东片两大专业园区。

对比之下,光电信息产业的专业园区集聚程度最高,与科研机构的地理邻近性也较好,产学研的空间互动较为有利;汽车产业中的产研分离较为明显,创新集聚性明显不足;大健康产业也存在外围多个规划专业园区的创新集聚性不足的问题,但集聚热点的空间分布最为均衡。

3.3.2　创新产出分布特征

1) 总体特征

武汉市创新活动的产出热点大多以支柱机构为据点,分布于三环线内侧,产业园区则分布较小,整体上,形成了以"医学研"为主要类型、以"2＋

X"为主体结构、以"双核多点"为空间特征的产出分布格局（图3-7），具有显著的多中心性。从主体结构来看，支柱机构的集聚能力也存在较大差异。以热点区的覆盖范围为标准进行比较，华中科技大学同济医学院与武汉大学医学部—信息学部是两个辐射范围最广的支柱机构，明显强于其他支柱机构。

从空间分布上看，两大主要热点区域为华中科技大学同济医学院、武

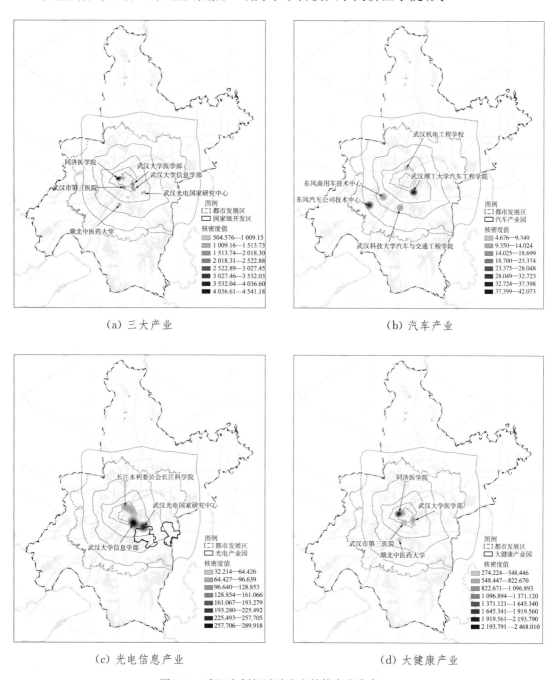

图3-7 武汉市创新活动产出的核密度分布

汉大学医学部与武汉大学信息学部,分别位于隔江拱立的江北硚口区、江南武昌区;次级热点区域包括武汉光电国家研究中心、武汉市第三医院、湖北中医药大学。除湖北中医药大学之外的热点均处于三环线内,符合科教功能集中于主城区的一般规律。

2) 分产业特征

各产业的产出格局呈现"中心城区集聚、据点依附"的大趋势。其中,汽车产业的产出热点从主城区延伸到车谷副城,基于学/研类支柱机构形成"2+3"的热点格局。光电信息产业创新产出的热点区域全部位于主城区,以学/研类支柱机构为基础呈"2+1"的空间格局。两个主要热点为武汉大学信息学部与武汉光电国家研究中心。大健康产业创新的产出热点同样主要位于主城区,基于医/学类支柱机构形成"1+3"的空间格局。核心热点位于华中科技大学同济医学院周边。

3.4 创新集聚区的范围及组织模式

3.4.1 创新活动的空间聚类分析

1) 整体空间聚类分析

采用基于分层密度的抗噪声空间聚类(HDBSCAN)算法将组团门槛值设置为25个创新主体,识别结果表明,武汉市内共出现16个聚类组团(图3-8)。多数组团内部的创新主体隶属于同一个产业,凸显了空间集聚的专业化特征;有9个地理组团坐落于三大国家级开发区的园区之中,如位于武汉经开区的汽车制造产业园区、东湖高新区的光谷光电子信息产业园及光谷生物城等。这些组团主要位于四环线以内,少量位于四环线之外。

(a) 三大产业

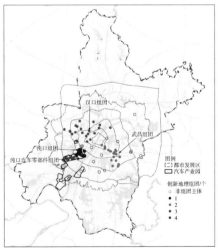
(b) 汽车产业

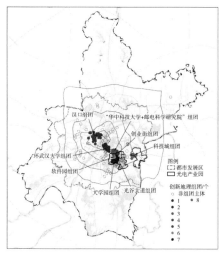
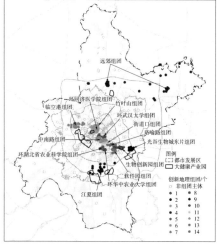

(c)光电信息产业　　　　　(d)大健康产业

图 3-8　武汉市创新活动的空间聚类分析

2）分产业空间聚类分析

利用同样的方式分析三大产业知识创新主体的集聚特征,结果表明大健康产业拥有 14 个组团,光电信息产业有 8 个组团,汽车产业只有 4 个组团。结果所呈现的共同点说明,组团具有两个来源,即位于主城区的科研组团、外围国家级开发区的专业组团。究其原因,一方面,大型科教研发机构是原始知识的主要且重要来源地,有利于相关产业的衍生,具有独特的吸附作用。围绕这些重要支柱机构形成的地理组团有武汉理工大学汽车工程学院汽车研发组团、环武汉大学的空间信息研发组团、"华中科技大学＋邮电科学研究院"光电研发组团、环湖北省农业科学院生物研发组团等。另一方面,专业园区内汇集了不少同产业企业,方便人才间的面对面交流与企业间的知识溢出,得到了武汉市政府的大力倡导。依托专业园区形成的组团包括沌口汽车制造组团、光谷软件园组团等。

3.4.2　创新集聚区的识别与分类

1）创新集聚区的识别

创新集聚区的范围应在空间聚类的基础上,顾及规划管控的需要,与各类规划管理边界相对应。本书所确定的识别标准是,以整体聚类分析结果为基础,结合分产业聚类分析结果,使得每个集聚区内部尽可能包含属于同一产业的创新主体;集聚区的空间边界划分以邻近交通线路、水域等自然边界为界线。据此,识别出 15 个创新集聚区(图 3-9)。这些集聚区既拥有城市核心创新主体,又集中较多的创新主体,是武汉市创新活动的主要承载地。

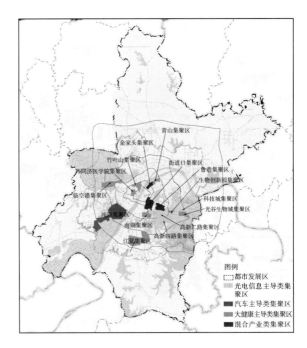

图 3-9　武汉市创新集聚区的空间分布

2) 创新集聚区的基本特征

从面积、主体数量、密度、主要主体、主要资金来源等方面总结了集聚区的基本特征。从表 3-2 可以发现，集聚区的空间范围平均值为 21.66 km²（去除占地规模最大的沌口集聚区后，平均规模达 16.37 km²），远小于当前流行的各类科学城、科技城的规模，说明创新集聚区是中观尺度的城市创新空间；主体规模的平均值为 55 个，集聚区的平均主体密度约为 4 个/km²，是创新集聚区形成的标志指标之一；主体类型较为多元化，除了 6 个集聚区为企业单一主导之外，其余集聚区均由多类主体共同主导；集聚区的资金来源同样呈多样化，除了 3 个主要由民资驱动、2 个主要由国资驱动外，其余均由多类资金共同驱动。

表 3-2　武汉市创新集聚区的基本特征总结

名称	面积/km²	主体数量/个	密度/(个·km⁻²)	主要主体	主要资金
沌口	95.81	80	0.835	企	民+外+国
高新二路	11.61	68	5.857	企	民
高新四路	34.14	113	3.310	企	民+国
光谷生物城	3.84	43	11.198	企	民
生物创新园	11.33	59	5.207	企	民
环同济医学院	7.23	31	4.288	企+医	国+民

续表 3-2

名称	面积/km²	主体数量/个	密度/(个·km⁻²)	主要主体	主要资金
余家头	6.65	10	1.504	医+企	国
江夏	52.49	21	0.400	企+医	国
街道口	21.81	119	5.456	研+企	国+民
竹叶山	12.08	51	4.222	医+企	国+民
科技城	5.75	21	3.652	企	民+国
临空港	26.29	27	1.027	企+医	国+民
鲁巷	16.50	104	6.303	企+研	国+民
南湖	12.41	69	5.560	企+研	国+民
青山	7.03	14	1.991	企+医	民+国

注:"企"代表企业;"医"代表医院;"研"代表研究机构;"国"代表国资;"民"代表"民资";"外"代表"外(合)资"。

3) 创新集聚区的类型划分

从主要产业类型与创新链功能两个方面划分创新集聚区的类型。首先,依据创新集聚区内所包含的主要产业,划分为汽车主导类、光电信息主导类、大健康主导类以及混合产业类四类。其次,从创新集聚区所承担的产业链功能方面考虑,划分出科教研发类、生产制造类与综合功能类三类。在表 3-3 显示的类型矩阵中,纵向上大健康主导类创新集聚区的数量最多,横向上综合功能类创新集聚区的数量更多;与汽车产业相关的集聚区仅包括一个综合功能类的沌口集聚区。

表 3-3 武汉市创新集聚区的产业类型与创新链功能

类型	科教研发	生产制造	综合功能
汽车主导	—	—	沌口
光电信息主导	鲁巷	高新四路、高新二路	科技城
大健康主导	南湖、环同济医学院	光谷生物城、生物创新园、临空港	竹叶山、青山、江夏
混合产业	街道口	—	余家头

3.4.3 创新集聚区的组织模式

创新集聚区内的组织方式取决于创新主体创新能力的相对大小。借鉴首位度指数的计算方法,分析创新集聚区中创新主体产出规模的体系特征。由图 3-10 可知,大部分创新集聚区的首位度指数范围为 0 至 3,集中程度并不高。因此,创新集聚区的主体能级呈现多强并存状态,由若干个创新主体共同支配。

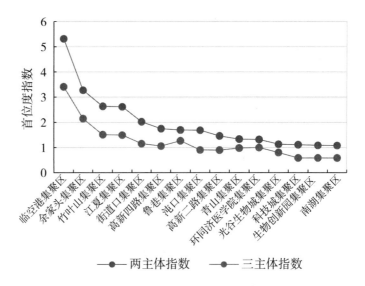

图 3-10 创新集聚区的首位度指数统计

结合前文的分析认为,集聚区一般组织模式为:在定制化的创新环境中,在多元主体、多源资助资金的共同参与下,由若干核心主体引领的邻近创新群体(图 3-11)。关键部位是有若干能够拉动创新发展的核心主体。譬如,鲁巷集聚区囊括了类型多元、资金多样的创新主体,是由华中科技大学光学与电子信息学院、武汉数字工程研究所(709 所)与武汉邮电科学研究院三大支柱机构引领的核心式集聚区。主要由企业构成的高新四路集聚区,尽管存在烽火通信科技股份有限公司等大企业,但其创新活动的带动作用并不突出,同样呈现出组合式的组织特征。这表明,创新集聚区的出现往往不是单纯依靠单个大型主体,而是依赖多个支柱机构的共同带动。

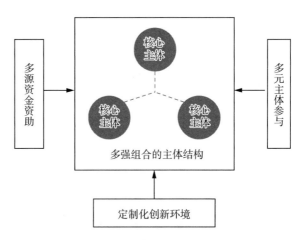

图 3-11 创新集聚区的组合式组织模式

3.5 创新集聚区的影响因素及其形成机制

3.5.1 指标选取与计算

1) 指标维度的确定

创新集聚区是具有知识创新比较优势的地区。通过总结已有研究中关于各类创新活动选址因素的分析发现,选址因素主要集中于建成环境、经济产业环境、创新环境、社会环境、政策环境以及其他因素(王振坡等,2020;胡璇等,2019;古恒宇等,2021;刘晔等,2021)。交通设施、绿色开放空间等构成的建成环境直接影响创新人才的环境舒适度,是吸引人才居住的重要因素。经济产业环境直接关乎创新的商业化应用,土地要素与产业资源越充足易得,越有助于新企业的初始创新活动。创新环境能够提供新的理念与知识,是企业创新活动的基础。社会环境则与创新人才的生活品质息息相关,更好的社会交往空间与生活品质有利于创新人才舒展心情,激发更多的创新灵感。政策环境是刺激创新活动的重要外部作用力,尤其是对于中国而言,政府政策的影响是极其显著的。基于此,本书设定了通过建成环境、产业环境、创新服务环境、社会环境与政策环境五个维度来探究知识创新活动地理集聚的影响因素。

2) 指标变量的选取

以创新主体是否位于集聚区作为被解释变量,五个维度的影响因素为解释变量,创新主体属性为控制变量,参考相关研究结果确定了如表3-4所述变量。

表3-4 影响创新集聚区形成的变量列表

类别	变量名称	代码	预期	描述
建成环境	环境舒适性	nature_d	−	与最近水域或绿地的距离/km
	交通可达性	subway_d	−	与最近轨道交通站点的距离/km
产业环境	土地成本	land_price	+	2014年武汉工业基准地价分类:1=一级地价、2=二级地价,依此类推,共八类
	产业相关性	relatedness	+	一定半径范围内同集群企业密度/(个·km^{-2})
创新服务环境	双创孵化邻近性	entre_d	−	与最近双创机构(众创空间、孵化器、创谷等)的距离/km
	创新服务邻近性	service_d	−	与最近创新服务机构(专利代理、知识产权、技术转移和科技信息分享等)的距离/km

续表 3-4

类别	变量名称	代码	预期	描述
社会环境	社交友好性	amenity	+	一定范围内商业服务设施密度/(个·km^{-2})
	社会服务邻近性	school_d	—	与最近中小学校的距离/km
政策环境	上级扶持政策	u_policy	+	位于国家开发区内为 1,不是为 0;省部级资助的研究机构为 1,不是为 0;不累加
	产业准入政策	s_policy	+	位于专业化园区内为 1,不是为 0
控制变量	创新产出	outcome	+	研究期内论文数量/百篇
	资金来源	ownership	+	国资为 0,民资为 1,外(合)资为 2

3.5.2 回归结果的分析

1) 多重共线性检验

为确保模型拟合的精度,回归分析前需检验各解释变量的多重共线性,以排除具有较强线性关系的变量。可通过计算变量的方差膨胀因子(Variance Inflation Factor, VIF)来识别共线性。VIF 越大表示共线性越强。一般认为 VIF<10 时各变量间不具有显著的相关性。检验结果表明,各变量的 VIF 最大值为 5.05,平均值为 2.44,属于可接受范围内,表明变量之间不存在明显的多重共线性问题,可用于进行后续的回归分析。同时,还检验了各变量之间的相关系数,结果显示相关系数的绝对值均小于 0.8,说明各变量之间具有独立性,适合同时用于模型的拟合。

2) 距离敏感性变量分析

空间距离是影响各种社会经济活动的重要因素,因此相关指标分析应考虑距离的差异。在此,针对所选指标中的产业相关性与社交友好性两项与距离有关的指标展开敏感性检验,以确定最适宜的密度半径值。在保持其他变量不变的情况下,分别计算半径为 R km($R=1,2,3,\cdots,10$)的相关产业密度与商业服务设施密度,代入模型中得到相应变量系数。图 3-12 表明,两个指标均存在最优空间距离。其中,产业相关性指标在半径为 4 km 时影响力最大,这一范围要稍大于创新集聚区的自身规模(平均规模为 21.66 km^2),说明创新活动的集聚与周边同类型产业具有关联,体现出功能外溢性。社交友好性指标在半径为 7 km 时影响力最大,说明创新人才的社交与其通勤活动存在关联。《2021 年度中国主要城市通勤监测报告》显示,武汉市单程平均通勤距离为 8.3 km,二者大致是相符的,具有合理性。因此,将采用影响力最高的指标数值用于回归分析。

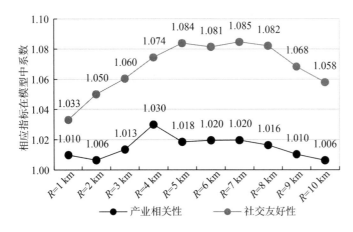

图 3-12 距离敏感性因素的检验

3）结果分析

研究建立了回归模型，相应的回归分析结果见表 3-5。整体上，五个维度的因素均对创新集聚区的形成存在一定影响。

(1) 建成环境维度

环境舒适性体现出预期中的促进作用，但并不显著。可能的原因是，武汉市的多水地理环境特征使得处于非创新集聚区内的主体也可能取得良好的自然环境，侧面体现了知识创新主体周边的环境品质并没有显著优势。交通可达性因素的影响效果与预期相反，并均通过 0.1% 水平的显著性检验，即创新主体的选址尚处于距离轨道交通站点更远的地区。该结果说明创新主体与轨道交通站点的空间匹配关系缺少相关性，反面说明增设轨道交通站点将有助于创新集聚区交通可达性的改善。

(2) 产业环境维度

土地成本和产业相关性两种因素均呈现出正面影响。其中，土地成本因素价格越低，越有利于知识创新主体的地理集聚，说明低廉的土地成本能够帮助创新主体降低经济成本。但创新主体更倾向于在城市中心区集中，共享更成熟的社会服务，对土地成本的容忍度变高，使得该变量没能通过显著性检验。产业相关性因素的显著性水平高达 0.1%，说明浓厚的产业基础是吸引创新主体选址的显著因素，这与产业内所蕴含的共同知识与信息能够加强知识溢出的潜在优势密切相关。

(3) 创新服务环境维度

双创孵化邻近性和创新服务邻近性两个因素同样表现出符合预期的影响，即邻近性越强越有助于创新集聚区的出现，表明创新主体选址与创新活动开展均是高度依赖于创新环境配置的。其中，双创孵化机构为创新主体的知识与技术孵化活动提供了舒适的温床。创新服务邻近性在 0.1% 的显著性水平上达到了影响，知识产权、专利代理等技术服务机构为不同创新主体之间的知识合作活动提供了有利的平台，保障知识产权保护与利用的可能性,极大地刺激了知识创新主体开展创新活动的积极性。

(4) 社会环境维度

社交友好性与社会服务邻近性两个因素体现出的作用存在明显差别。社交友好性因素具有预期中的正向作用,这验证了佛罗里达(Florida)等人的创意阶层理论与克拉克(Clark)的场景理论,即类似咖啡厅这种交往设施的高密度配置有助于促进人才的社会交往,为各类创意与想法提供开放的讨论场所,并最终转化为后续的知识创新活动。而社会服务邻近性则体现出与预期相反的作用。这说明目前武汉市针对知识创新主体的社会服务配置还缺少细致考虑,现有服务设施无法有力支撑人才的社会生活,不利于吸引创新人才。

(5) 政策环境维度

上级扶持政策和产业准入政策两个因素同样在0.1%的显著性水平上具有正向影响作用。上级扶持政策的优势比值为2.523,即享受上级扶持政策的创新主体比不享受该政策的创新主体进入创新集聚区的概率高1.52倍。其中,国家开发区所捆绑的产业与人才政策,以及配套的生产服务体系形成知识创新投入的集中地区,为创新活动的开展提供了绝佳场所;国家资助的机构通常容易吸引高质量的创新人才,是重要的知识创新源,为周边的中小机构释放创新溢出效应。而享受产业准入政策的创新主体要比不享受此政策的主体进入集聚区的概率高1.46倍,说明产业准入制度直接引导同类型的创新主体在相关园区的集中,极大地促进了创新型企业的聚集。

(6) 创新主体的自身属性

个体的创新产出对创新集聚区的形成呈现较为中性的作用,这与部分大型知识创新主体相对孤立有关。资金来源对创新地理集聚具有正向作用,主体的资金外向度越高,越可能处于集聚区。

表3-5 武汉市创新集聚区影响因素的回归分析结果

变量	模型3-1 总体	模型3-2 汽车产业	模型3-3 光电信息产业	模型3-4 大健康产业	模型3-5 企业
环境舒适性#	−0.135 (0.184)	−0.962 (0.628)	−0.903 (0.622)	−0.328 (0.220)	0.121 (0.282)
交通可达性#	0.186*** (0.281)	0.408** (0.131)	−0.341* (0.156)	0.203*** (0.030)	0.291*** (0.078)
土地成本	0.028 (0.090)	−0.494 (0.328)	0.136 (0.142)	0.233 (0.154)	−0.066 (0.126)
产业相关性	0.023*** (0.006)	0.221** (0.068)	0.014* (0.007)	0.041** (0.014)	0.012 (0.007)

续表 3-5

变量	模型 3-1 总体	模型 3-2 汽车产业	模型 3-3 光电信息产业	模型 3-4 大健康产业	模型 3-5 企业
双创孵化邻近性#	-0.037 (0.043)	-1.019*** (0.228)	0.356* (0.157)	-0.029 (0.050)	-0.281** (0.109)
创新服务邻近性#	-0.383*** (0.061)	0.318* (0.135)	-1.024*** (0.242)	-0.388*** (0.075)	-0.648*** (0.136)
社交友好性	0.043* (0.017)	-0.165 (0.088)	0.013 (0.028)	0.053 (0.028)	0.077** (0.248)
社会服务邻近性#	0.273* (0.125)	0.248 (0.411)	0.489 (0.308)	0.310 (0.215)	0.495** (0.186)
上级扶持政策	0.926*** (0.240)	2.335** (0.807)	0.613 (0.574)	0.868** (0.281)	2.776*** (0.476)
产业准入政策	0.899*** (0.236)	0.942 (0.842)	1.187* (0.484)	0.786* (0.401)	0.153 (0.343)
创新产出	-0.169 (0.128)	6.389 (6.492)	-0.524 (0.831)	-0.178 (0.133)	1.854 (3.385)
资金来源	0.144 (0.127)	0.910 (0.571)	-0.278 (0.270)	-0.374 (0.180)	0.206 (0.189)
常数项	-0.897 (0.579)	0.137 (2.365)	1.518 (1.641)	-0.578* (0.619)	-1.157 (0.875)
拟合优度 R^2	0.322	0.517	0.406	0.356	0.439
对数似然 (log likelihood)	-522.568	-34.351	-133.597	-300.721	-239.336
样本量/个	1 298	125	427	746	762

注：*、**、***分别表示在5%、1%、0.1%水平上显著；( )内为稳定标准误值；"#"表示负向指标。

从模型 3-2 至模型 3-4 中可以看出，形成创新集聚区的各影响因素的敏感度存在产业差异。其中，汽车产业创新活动对交通可达性、产业相关性、双创孵化邻近性与上级扶持政策四个因素的影响有显著敏感度，但交通可达性的影响方向与预期相反。光电信息产业创新活动对交通可达性、产业相关性、双创孵化邻近性和创新服务邻近性，以及产业准入政策等因素的作用具有显著性，所有影响均符合预期。大健康产业创新活动对交通可达性、产业相关性、创新服务邻近性、上级扶持政策以及产业准入政策等因素的影响具有显著敏感度，其中交通可达性的影响方向与预期相反。

从模型 3-5 中可以看出，对于企业而言，大多数因素产生了符合预期的显著影响。其中，交通可达性产生了与预期相反的显著影响，这主要源于随着产业园区的逐步外迁，企业集中地主要位于城区边缘，而城市轨道交通主要集中于城区内；双创孵化邻近性与创新服务邻近性对创新集聚区的形成起到了显著的促进作用；社交友好性越强，越有利于创新主体的集聚;上级扶持政策的作用显著,而产业准入政策的作用不再显著。

总之,本书所提出的五个维度、十项影响因素均对创新集聚区的形成具有正向促进作用。其中产业环境、创新服务环境、政策环境的影响力较为稳定,尤其以产业相关性、创新服务邻近性、上级扶持政策与产业准入政策的影响力最大;而建成环境与社会环境的影响在不同的模型中表现不一,尤其是交通可达性与社会服务邻近性反而呈现出与预期相反的作用。这表明武汉市现有的基础设施建设与社会服务设施建设对于集聚区的支撑仍然不足,有必要在空间优化中予以完善。

3.5.3 创新集聚区的形成机制

任何经济活动的地理集聚本质上都属于集聚经济效应。集聚经济指的是企业因向一个特定地区集中而产生的效益。这种效应来自更大的市场规模、更低的运输成本、更方便的设施共享等。集聚理论认为,集聚机制包括共享、学习与匹配三大机制。对于知识创新活动而言,其形成创新集聚区的过程同样受到这一基本机制支配。在政府、市场与社会的各方参与下,影响创新集聚区形成的各类要素各自作用于服务共享、要素匹配与知识学习三个环节,以此集中知识创新资源、吸引知识创新主体并促进本地蜂鸣,最终形成创新集聚区。这个过程中任何环节的失败都会影响最后的结果(图 3-13)。

1) 以集中供应塑造服务共享空间

共享机制是指,有关知识创新活动的建成环境、社会服务、创新服务等服务结合配套园区政策,制造出利于服务共享、降低创新成本的空间。为了获得更高的创新收益,无论是市场还是政府都倾向于将优质资源集中投入特定空间,形成具有比较优势的要素集中地区。主要要素包括良好的建成环境、友好的社会服务环境、定制的产业园区与齐全的创新服务。

首先,在中国的集聚发展背景下,政府往往通过划定特定产业园区的方式引导经济活动的开展。因此,武汉市内部划定了国家级开发区、创新街区、创新园区等多种形式的空间,或者依据已有大型创新机构建立新的创新园区,以突出对城市知识创新功能的用地布局重点,从而为后续的各类服务安排与要素配置提供空间引导。截至 2018 年,武汉市共获批三个国家级开发区,其中东湖高新区于 2009 年被批准为国家自主创新示范区,在创新发展方面具有历史传承性。在多年的发展之中,历史积累与路径依赖决定了开发区内集中了大量的知识创新资源。从知识创新主体在空间位置上主要集中于园区的分析结果不难验证上述观点,即"集中园区"的分布格局正是在政府强烈的空间干预下形成的。

其次,在选定的创新功能空间之中,政府部门发挥了公共服务职能,营造出具有吸引力的社会"场景"。一方面,通过基础设施建设与公共服务配置,打造具有较高舒适性的建成环境,如宜人的公共空间、便捷的公共交通

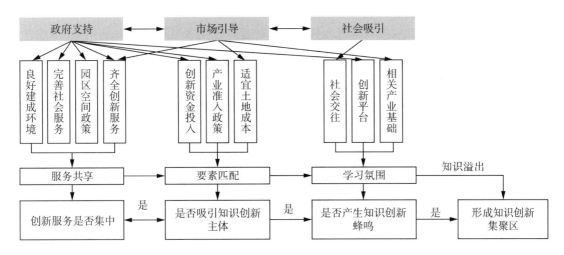

图 3-13　武汉市创新集聚区的形成机制

等;另一方面,强化社会服务设施、生活娱乐设施等的配置,增强空间品质。舒适的山水环境、居住空间以及充满想象力的生活娱乐设施构成了一个蕴含文化与价值观的"场景"。这些空间场景是吸引创新人才的关键(吴军等,2020),并从两个方面介入武汉市创新集聚区的构建。

最后,为吸引创新人才与创新主体,政府部门联同市场力量,共同提供全方位的创新服务,为知识创新活动提供支持。其中,武汉市政府出台的多向政策经整理归纳包括企业招商中的扶持政策、创新生产中的奖励政策以及创新合作中的引导政策。在这些服务的基础上,政策还通过合作、招商引资等方式,引入市场力量,在创新孵化、创新资本、知识产权、技术交易等方面建立专业服务体系,为知识创新活动提供全流程的服务,以尽可能降低创新活动的成本。

上述服务的完善配置,使得政府选定的空间成为知识创新高投入的地区,为知识创新活动提供了优异的地理空间环境,这些服务共享有助于降低发展成本,是吸引创新主体入驻的重要砝码。例如,小米科技有限责任公司的武汉"第二总部"设立时,受到武汉市政府在水电成本上的政策减免,同时享受所在金融港园区的政府补贴政策,使得企业的综合成本比一线城市降低了约 40%。类似的政策也吸引了其他类似企业的入驻,引发了武汉市的互联网"第二总部"热潮。这种政策红利产生了强大的吸引力,2018 年签约总金额达 20 075 亿元,亿元以上项目 559 个,创造了历史新高,有效推动了武汉的创新发展。而无法吸引创新主体入驻的空间则难以形成集聚区。

2) 以要素匹配吸引主体集聚

匹配机制是指,通过优质环境吸引的大量创新人才与创新主体为员工与机构间以及创新链的上下游主体之间提供丰富的选择机会,从而提升匹配成功的可能性,实现更优的要素组合。这种匹配环节包括以下三种路径：

一是，政府通过安排专项的财政资金用于资助各类科研机构，形成能够高效产出的大型知识源头。这类机构包括华中科技大学、武汉大学等高校，湖北省农业科学院、各类实验室以及公立医院等等。政府的资金支持既包含了上述机构的日常运作费用，也通过科技项目等方式直接用于新的知识创新活动。这一作用可以从武汉市的知识创新产出呈现明显的"国资驱动"特征中看出。自上而下的创新体系将要素分配至这些由国家资助的机构，事实证明是具有一定合理性的。值得注意的是，城市中的重点高校与科研机构的选址存在一定的历史偶然性，如历史悠久的武汉大学较早便位于武昌城区内，而华中科技大学则在新中国成立后新建，并选址当时还处于郊区的鲁巷地区。类似这种历史偶然性带来的大型知识创新机构的空间布局，势必会对后续知识资源的配置与流动造成影响。

二是，通过补贴手段降低土地使用成本，为创新企业提供高性价比的土地资源，对于重要创新企业更是如此，如提供大额土地出让优惠，降低企业经营成本。此举使得企业能够将更多的资金用于从事知识创新活动，吸收更多的创新人才。政府在土地出让时，会根据创新发展目标对潜在买家进行筛选，以确保用地资源能够流向更高效的创新机构手中，从而实现空间创新绩效的提升。例如，武汉市颁布了《关于支持开发区新型工业用地（M0）发展的意见》，为创新型企业、科创机构的集中布局提供了用地支撑。

三是，依托产业园区建立产业准入制度，将从事相似创新活动的创新主体集中到特定的园区空间之中，为知识创新资源的配置提供更多的匹配机会。武汉市政府采取了专业园区式的产业发展模式，将各开发区划分成不同的产业园区，设置相应的准入门槛，引导同产业的企业入驻到统一的园区内。比如，本书研究的三个产业均拥有属于自己的专业化产业园区，这些产业中的企业进入武汉时将被优先安排进入对应园区。通过对产业类型的限制，使得同产业的企业进入同一园区之内，增强了产业集聚的强度。对企业类型与经营指标的限定则进一步筛选出优质的企业，保证更具创新竞争力的企业集中在一起。这种产业政策导致多个创新集聚区的出现，如光电子产业园中的高新二路集聚区、高新四路集聚区。同时，对于其他类型的创新主体也采取了类似的空间集聚策略。例如，武汉市提出的"创谷"计划，建设服务于片区的众创空间集聚地，吸引创新创业资源的集中配置。为了发挥高校的知识溢出效应，武汉市也规划建设了环高校创新带，其中典型的就是环同济大健康科技产业园。

另一项重要的匹配内容是人才与创新企业之间的匹配。以东湖高新区为例，其优质创新服务环境吸引了创新人才的落户，为企业提供了可观的人才市场。据《2019东湖高新区创新发展报告》统计，2019年该区新落户人口达8.9万人，其中大学生2.5万人；截至2019年，在企博士超过1万名、硕士达6万名。大量人才的涌入既得益于该地区活跃的经济产业，也与东湖高新区越来越完善的生活配套、设施服务相关。光谷国际网球中心、东湖高新区政务服务中心等重要服务设施的落成,极大地提升了东湖高新区的设施服务水平。人才的聚集反过来影响企业的入驻意愿。如小红书科技有限公司在解释为何在武汉设立第二总部时,强调了武汉市的大学生资源构成的互联网优秀人才高地匹配了企业的人才战略。

这些要素的流动与优化配置,使得创新资源尽可能地流向具有更强创新能力的主体,为创新活动的开展提供了充足的支撑。至于要素配置存在错位的地区,则难以吸引创新能力较强的创新主体,难以形成集聚区。

3)以学习氛围带动本地蜂鸣

学习机制是指,创新集聚区汇聚了各类服务资源与吸引创新主体之后,地理邻近性增强了创新主体间面对面交流的频率,使得创新主体能够在知识流动与溢出中受益,并吸引新的创新主体形成良性的自我加强机制。这种学习氛围的构成有以下三种基础:

一是,创新人才间的人际关系网络与创新主体间的合作与信任所带来的社会资本。这种以信任为基础的互动关系为彼此的信息沟通与知识交流奠定了基础,便于形成广泛交流的社会氛围。

二是,政府鼓励建立各类创新平台,如技术中心、新型研发机构等,为技术交流与知识共享提供制度保障。例如,武汉市推行了工业技术研究院的新举措,为科技成果的产业化提供了对接平台。武汉市的国家信息光电子创新中心是国家级制造业创新中心,也是一个有11家行业顶尖企业共同参股的新型研究机构,为核心技术攻关、技术成果互用提供了创新平台,该中心还建立了光电子发展联盟,方便集群内的技术沟通与知识交流。

三是,同类型企业的空间集中形成了良好的相关产业基础,为创新主体学习模范同行、获取关键知识提供了机遇。例如,2016年武汉航天产业基地被批准为国家级产业基地。该基地落户武汉市,与其相关产业基础雄厚密不可分。经过多年发展,武汉在聚集了以中国航天三江集团公司、武汉国家地球空间信息产业化基地、武汉大学、华中科技大学、中国科学院武汉分院等重点企业、高校、科研院所为核心的航天产业体系,覆盖火箭、卫星、空间信息应用等多个领域,基本形成了全产业链条。因此,设立国家级商业航天基地就顺理成章。

单纯的地理集中并不必然导致地理集聚效应的产生。创新集聚区真正成型的标志是,内部成员能够通过这种知识创新资源的集中、主体的集中带来活跃的知识教育与溢出,使得多数主体从中获益。创新集聚区也依赖于这种集聚效应而得以自我加强并持续发展。

4 城市创新网络的特征与形成机制

4.1 数据处理与研究方法

4.1.1 数据来源

进一步整理创新主体间的论文合著数据,以创新网络构建所需的关系数据。经筛选,得到合作发表论文 82 084 篇。其中,在全部 1 298 个创新主体中,有 1 004 个拥有合作发表记录,包括 125 个汽车产业创新主体中有 81 个网络节点,427 个光电信息产业创新主体中有 351 个网络节点,746 个大健康产业创新主体中有 572 个网络节点。此外,从该网络中还获取到包括 100 个国家(除中国之外)、中国的 293 个城市(除湖北省城市之外)、湖北省内除武汉外的其他 16 个城市,以及不属于三大产业的武汉市内 699 个创新主体等节点。为加以区别,将这些相关节点称之为外部节点。另外,中国的研究与开发(Research and Development,R&D)研究人员数据来自《中国城市统计年鉴:2018》,外国数据则来自世界银行数据库。

4.1.2 数据处理

以合作发表论文的数量作为创新主体间合作关系的权重,形成创新网络矩阵,并进一步可视化后得到创新网络(图 4-1)。对于创新合作网络的关联关系,从强度、尺度等角度进行了分类处理。按照关联关系的强度大小,可划分为五级联系层级;按照关联关系的尺度,可划分为本地、省级、国

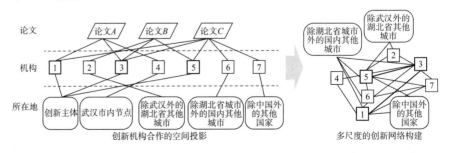

图 4-1 多尺度创新网络的构建

家与全球四个尺度。

4.1.3 核心指标

1) 关联关系强度

采用关联度值来衡量创新节点之间联系水平的大小。在任意两个机构 a 与 b 之间,如果在一篇论文中存在共同发表记录,则二者的关联度记为 1;汇总所有论文数据后得到的总数为这两个机构之间的最终关联度水平(在同一篇论文中,同一机构不重复计数)。关联度的计算公式可表达为

$$L_{ab} = \sum_{i=1}^{n} l_{a,b} \tag{4-1}$$

式中:L_{ab} 表示关联度;n 表示 a 与 b 两个机构的论文总量;$l_{a,b}$ 为一篇论文中两者的关联数,取值为 1。L_{ab} 值越高,表示机构间的创新合作越密切,越可能获取网络集聚效应。

2) 节点加权中心度

加权度(weighted degree)代表目标网络节点和剩余节点之间关联关系的数量之和,显示了该创新节点在城市创新网络的支配能力,可用于表示创新节点的能级大小,计算公式如下:

$$D_i = \sum_{i=1}^{n} L_{ij}(i \neq j) \tag{4-2}$$

式中:D_i 为加权度;L_{ij} 为网络节点 i 与 j 之间的合著论文数量总和;n 为网络节点总量。

3) 模块化指数

模块化指数是衡量网络组团划分质量的指数,计算公式如下:

$$Q = \frac{1}{2m} \sum_{i \neq j} \left(A_{ij} - \frac{k_i k_j}{2m} \right) \delta(C_i, C_j) \tag{4-3}$$

式中:Q 为模块化指数。A_{ij} 是网络中对应的邻接矩阵的任意元素。如果创新节点 i 与 j 间存在创新联系,则 A_{ij} 值为 1,否则为 0。m 是网络的总边数。k_i 与 k_j 为任意节点的度数。C_i 与 C_j 代表节点所在的社区。$\delta(u,v)$ 是克罗内克(Kronecker)函数,当 $u=v$ 时,函数值为 1,否则为 0。模块化指数 Q 越大,说明创新网络中观结构越成熟,具有稳定组团。

4.1.4 研究方法

1) 节点中心性分析

节点中心性是测度网络节点位置重要程度的基本指标,中心性值越大,代表节点在创新网络中的重要性越强。现有研究提出了多个测度节点

中心性的指标,本书采用加权度指标来衡量。

2) 社区发现算法

社区发现是用于测度网络中存在的内部联系紧密的组团的一般方法。采用基于快速展开算法(fast unfolding)算法的网络社区探测方法来快速寻找网络中由内部联系紧密的节点所组成的组团,用于分析网络集聚中的集群分布与相应模式。该方法通过迭代计算寻找使得网络模块度水平最佳的划分方式(Blondel et al.,2008)。主要步骤包括两个阶段:一是优化模块度水平,将每个节点划分到与其邻接的节点所在的社区中,使得网络模块度的值不断增大;二是聚合社区,将前一阶段划分出来的社区聚合成一个点,构造出新的网络。重复以上步骤,直到网络中的结构保持稳定。

该方法识别出创新网络的紧密组团,即创新网络集群。这里所指的网络集群是指创新网络中的紧密组团,是网络创新节点通过紧密相互合作而彼此受益的组织形式。为更好地表达武汉市创新网络的中观结构,本书利用论文合作关系数据、基于网络分析软件 Gephi 的模块化分析功能来探测网络集群的分布。

3) 首位度指数分析

首位度指数原本用于测度城镇体系中的要素在最大城市的集中程度,此处用于反映集聚区中最大创新主体的节点能级首位度水平。

4) 二值逻辑回归模型分析

仍采用逻辑(Logit)回归模型来分析武汉市创新网络集群的影响因素。按照网络集聚相关理论的论述,网络外部性的形成在很大程度上源自借用规模机制的建立(Meijers et al.,2017),以及产生这种借用所需要的各种网络管道。在此后的研究中,借用规模逐渐被细分为借用规模与借用功能(刘修岩等,2017;姚常成等,2020a)。因此,本书从借用规模、借用功能与借用管道三个方面着手,建立了由城市创新网络集群形成的二元逻辑(Logit)模型:

$$\ln\left(\frac{P_t}{1-P_t}\right) = \gamma_i X_i + \_cons + \varepsilon \tag{4-4}$$

式中:P_t 为创新主体选择坐落于网络集群内的概率;γ_i 为影响因素的系数;X_i 代表各种影响因素,包括创新主体的借用规模、借用功能、全球尺度网络管道、国家尺度网络管道、省级尺度网络管道、网络管道总量、所处的社会环境质量以及来自上级政府的政策支持等;$\_cons$ 代表常数项;ε 代表误差项。

4.2 创新网络主体的能级分布特征

4.2.1 主体能级位序结构

1) 城市知识创新网络的节点能级特征

武汉市创新网络的节点加权度分布较为集中,核心创新节点的地位突出,相比较而言,中小节点的创新能力发育不足。图4-2显示,在"位序—规模"曲线中,曲线斜率的绝对值大于1,表明节点加权度的分布相对集中,核心节点的能级占优;同时,曲线尾部存在较多位序低、规模小的创新主体,凸显了网络中低能级创新节点过多的问题。因此,激活能级较低的创新节点、扩大网络规模是武汉市创新活动升级的重要方向。

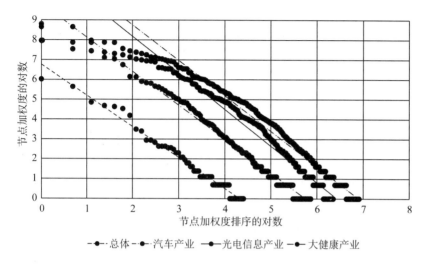

图4-2 武汉市创新网络的节点位序—规模曲线

2) 产业知识创新网络的节点能级特征

相较于总体网络而言,汽车产业创新网络节点的能级分布更加离散,高能级节点的数量不足。图4-2显示,该网络的"位序—规模"曲线的斜率绝对值小于总体网络,表明该网络的节点能级更为分散,高位序节点不够突出。因此,出于加密汽车创新网络的目的,有必要提升核心创新主体的能级。

光电信息产业网络节点的能级分布曲线相对总体网络略显集中,高能级节点的位置突出。与总体网络相比,该网络的"位序—规模"曲线斜率绝对值略微变大,表明二者间网络节点的创新能级分布是相似的。同时,曲线头部节点的分布相对连续,能级较大节点间的差异比较均匀,而曲线尾部集中了较多中小节点,说明能级较小节点的发育尚有不足。因此,光电信息产业网络应注重提升网络底层的创新能级。

相比于上述两个产业,大健康产业网络中节点的能级分布曲线更加密集,核心创新主体的支撑作用最为突出。该网络"位序—规模"曲线的斜率绝对值是所有网络中最大的,表明该网络节点能级的分布最为集中,高能级节点拥有十分强大的网络调控作用。相应地,中小节点的角色显得比较弱势。因此,有必要对大健康网络底层进行提升。

4.2.2 主体能级空间分布

采用自然断裂点方法,将创新节点划分为五个能级,即高能级、中高能

级、中能级、中低能级与低能级,据此分析节点空间分布特征。详情如下:

1) 城市创新网络节点分布

武汉市创新节点能级的空间分布呈现中能级以上节点集聚于主城区之内、中低能级以下节点内外散布的格局。具体来讲,中能级以上节点偏好于主城区的成熟社会服务与浓厚创新氛围。中高能级以上的节点,在二环线内的长江两岸均有分布,如同济医院、协和医院;在二环线与三环线之间则集中于长江右岸的武昌区、洪山区与东湖高新区等地,如武汉光电国家研究中心。三环线外的创新节点能级明显下降。中低能级以下的节点则在城区内外均有分布。

武汉市创新网络中创新能级排名前10位的节点类型集中于"医、学、研"三类机构(表4-1)。这些机构从事的活动与知识创造、流动、重构的过程联系密切,是核心知识源,理应拥有较高的创新能级,它们是决定武汉市知识创新显示度的指标性机构。这些节点全部位于三环线之内,主要集中于武昌区与硚口区,进一步印证了关于主城区仍是创新活动偏好空间的结论。

表4-1 武汉市创新网络中创新能级排名前10位节点

排名	名称	主体类型	所在城区	所处环线
1	同济医院	医	硚口区	二环线
2	协和医院	医	江汉区	二环线
3	武汉光电国家研究中心	研	东湖高新区	三环线
4	中国科学院水生生物研究所	研	武昌区	三环线
5	湖北中医药大学	学	武昌区	一环线
6	中国科学院武汉物理与数学研究所	研	武昌区	二环线
7	武汉大学地球空间信息技术协同创新中心	研	武昌区	三环线
8	武汉大学人民医院	医	武昌区	一环线
9	武汉大学中南医院	医	武昌区	二环线
10	华中科技大学同济医学院	学	硚口区	二环线

注:"医"代表医院;"研"代表研究机构;"学"代表高等院校。

2) 三大产业创新网络节点分布

汽车产业创新网络节点能级的空间分布呈现出多数节点在专业化园区集聚、部分重要节点在主城区散布的格局(图4-3)。其中,专业化园区集中了东风汽车集团有限公司旗下的多个研发机构与制造工厂,是汽车产业创新节点集聚的主要区域。相反,与汽车产业相关的重要科研机构主要位于城区之内,便于为创新员工提供优质的生活与休闲环境。在该网络中,位于创新能级前列的节点集中于"产、学、研"三类,企业成为知识创新的核心节点。神龙汽车有限公司、上汽通用汽车有限公司武汉分公司等突出的企业节点与企业的研发部门之间邻近分布,但与其他研究节点、高校节点在空间上的邻近性不足,也缺乏密切的创新合作关系。

光电信息产业创新网络中形成主城区集聚与园区集聚的空间格局(图4-3)。一方面,能级较高的节点集聚于主城区,位于珞喻路、武汉长江二桥等路段。典型节点包括武汉光电国家研究中心、武汉大学遥感信息工程学院等。这些核心光电创新主体同样受益于主城区的成熟公共服务与优质空间品质。另一方面,低能级节点的分布比较零散,在专业化园区内较为集中。在该网络中,创新能级排名前列的节点集中于"研、产、学"三类,展现了较好的协同创新态势。例如,武汉邮电科学研究院是武汉光电国家研

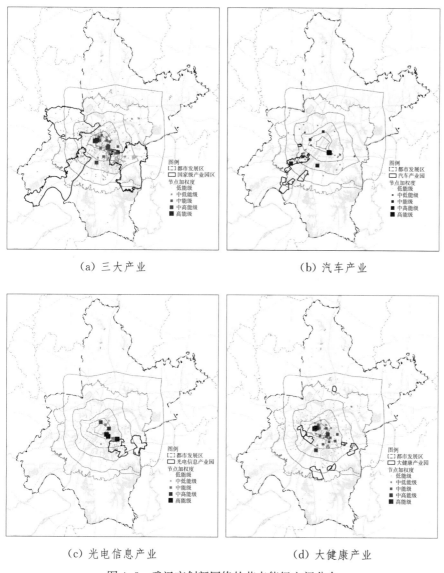

(a) 三大产业　　(b) 汽车产业

(c) 光电信息产业　　(d) 大健康产业

图4-3　武汉市创新网络的节点能级空间分布

究中心的组建单位之一,并与其他组建单位建立了密切的研发关系,是武汉市光电子产业创新发展的重要组织。这种复合的创新机构组合为新知识的创造提供了平台,是武汉市光电子产业得以在全球竞争的动力源泉。

大健康产业创新网络中同样形成了主城区集聚与园区集聚的空间格局(图 4-3)。一方面,能级较高的节点集聚于主城区,具体位于解放大道、珞狮路与珞喻路等路段,典型节点包括同济医院、协和医院、武汉大学人民医院等。这些核心创新节点具有良好的交通区位与服务配套,有利于吸引创新人才。另一方面,能级较低的节点分布广泛,在专业园区内相对集中。武汉市政府通过空间引导与政策吸引等方式,将相关企业汇聚到如生物产业园区等空间,以促成地理集中。该网络创新能级前列的节点集中于"医、学、研"三类,表明知识创新发展偏向于科教研发端。合作方式主要有两种:一种是合建研究机构,如武汉健民药业集团股份有限公司与四所高校共建武汉市中药现代化工程技术研究中心。另一种是附属与托管等形式,例如,华中科技大学同济医学院与同济医院、协和医院具有附属关系,而同济医院托管了市内外多所医院,打通了教学、研究与医学实践的链条,是武汉市大健康产业具备世界级竞争力的重要支撑。

4.2.3 外部节点空间分布

1) 全部外部节点分布格局特征

外部节点的分布呈"知识驱动、全球链接"的特征。各尺度上创新能级排名前 10 位的节点,均是本地创新节点为协同合作、整合资源所开展的针对性合作,表明外部联系是受知识驱动的。根据节点排名情况(表 4-2),市级尺度的重要外部节点全部为高校,说明高校对地方创新具有重要的支撑作用。省级尺度的外部节点前 4 位分别是鄂西的荆州、十堰、宜昌、襄阳、

表 4-2 武汉市创新网络中加权度排名前 10 位的外部节点

排名	市级	省级	国家	全球
1	华中科技大学	荆州	北京	美国
2	武汉大学	十堰	上海	英国
3	华中农业大学	宜昌	广州	德国
4	武汉科技大学	襄阳	南京	加拿大
5	武汉理工大学	恩施	深圳	澳大利亚
6	武汉轻工大学	孝感	长沙	新加坡
7	湖北工业大学	咸宁	杭州	日本
8	武汉纺织大学	黄冈	成都	法国
9	江汉大学	黄石	郑州	巴基斯坦
10	中南民族大学	荆门	西安	韩国

武汉城市圈内的合作并不密切。国家尺度的重要外部节点囊括了北京、上海、广州等我国的主要大城市。全球尺度上位居前列的国家集中于美国、英国等国家。

从空间分布上看，武汉市创新联系的前四个层级以国家尺度为主，与北京的联系强度最高，其次是美国。在省级尺度上，关键节点为省域副中心城市（宜昌、襄阳）与特色产业城市（如十堰之汽车产业、荆州之医药化工、恩施之民族医药等），而与鄂东的黄石、鄂州等城市的创新联系尚不突出。在国家尺度上，创新联系集中于三大城市群地区：京津冀城市群的北京与天津、长三角城市群的上海与苏州、粤港澳大湾区的深圳与广州。这些联系使得武汉创新网络紧密嵌入国家创新体系，不足之处是与长江中游城市群（尤其是南昌与长沙）的创新合作水平较低。全球尺度创新联系的优势方位最为明显，包括以美国为核心的东向与以英德为关键节点的西向。在全球尺度上对这些国家的严重依赖，使得武汉市面临较大的全球创新网络脱嵌风险。

2）三大产业外部节点分布格局特征

在汽车产业网络外部节点分布中，市级尺度节点的类型多为高校，体现了高校对本地汽车产业创新的助力作用。省级尺度节点的前两位是十堰与襄阳，均是湖北省汽车产业廊道的重要城市。在国家尺度上，部分产业关联性强的节点表现突出。例如，柳州作为东风汽车集团有限公司的重要生产基地之一跻身第二位。在全球尺度上，美国依旧位居首位，意大利、法国等欧洲汽车产业国家的位置上升。

市级尺度的重要节点仍旧以知识源头型的高校为主，说明高校的知识源头作用具有普遍性。省级尺度的城市节点前两位分别为光电产业达到一定规模的宜昌与孝感；除黄石外，前五位的城市均位于鄂西地区。这再次凸显了鄂东沿江城市之间尚未形成高密度的创新联系，制约了光谷科创大走廊的建设。在国家尺度上，北京、上海、南京与深圳等均是我国光电信息产业的重要集聚地。在全球尺度上，位居前列的为美国、英国与新加坡等全球光电信息产业强国。

4.3 创新网络联系的多维特征

4.3.1 关联关系的层级特征

1）本地网络的关联关系层级特征

本地网络的关联关系呈现出"三角主干、多向分枝"的层级结构，表现为两岸互联、向心集聚的格局。图4-4表明，高层级的联系基本处于三环线以内，低层级的创新联系逐步向外围延伸。其中，第一层级的联系有6对，由武汉光电国家研究中心、协和医院、同济医院、武汉大学地球空间信息技术协同创新中心等核心节点与华中科技大学、武汉大学、湖北中医药大学等节点联系而来，构成一个三角结构；第二层级有 13 对联系，第三层级有 47 对联系，仍旧主要由上述核心节点衍生出次要枝干，集中于三环线之内；第四、第五层级的数量较多，呈现不规律的散乱状态。

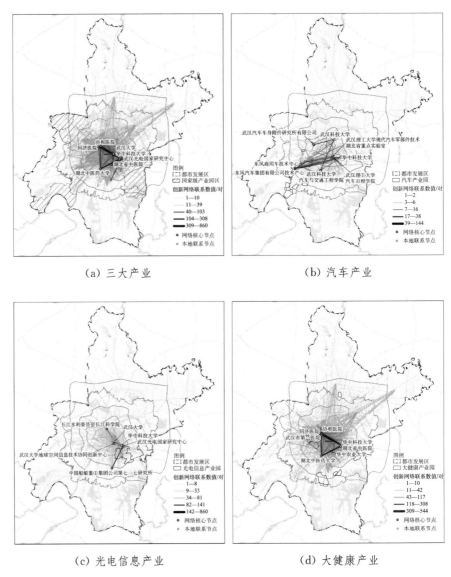

图 4-4　武汉市创新活动的本地网络联系分布

其中，汽车产业与光电信息产业的高层级网络联系的分布较为杂乱，大健康产业的高层级网络联系保持着三角形结构。依此来说，汽车产业中的第一层级有 2 对创新联系，均属于武汉理工大学院系之间的合作；第二层级有 3 对创新联系，第三层级有 8 对联系，这些联系杂乱分布，重心向武汉经开区倾斜；第四、第五层级的创新联系基本位于四环线以内，没有向外围延伸的迹象。

光电信息产业中形成了以街道口至鲁巷沿线为核心的分布格局。第一层级的联系有2对,为武汉光电国家研究中心与华中科技大学、武汉大学地球空间信息技术协同创新中心与武汉大学之间的合作;第二层级的3对联系仍由这些节点关联;第三层级有21对联系,分布范围外扩至汉口;剩余的创新联系散布于四环线以内,不过中心仍落在东湖高新区。

大健康产业中的本地网络联系依旧保持着三角形的层级结构。第一层级的3对联系与第二层级的7对联系形成了三角结构的骨干,三处顶点分别为同济医院、华中科技大学与湖北中医药大学黄家湖校区;第三层级有28对联系,走向顺应三角形的边;剩余联系向外环延伸,在三大产业中覆盖最广。

2) 多尺度网络的关联关系层级特征

从湖北省—国家—全球的多层级角度来看,武汉市创新活动的外部网络联系表现出"十字骨架、放射枝端"的流向结构(图4-5)。"十字形"骨干结构的东西向属于长轴,以德国、美国等强国为端点,是武汉链接全球创新网络的主动脉;南北向为短轴,以我国主要的北京、上海、广州等一线城市为端点,是武汉嵌入我国创新网络的主动脉。另外,大量的"放射枝端"提供了多样化的链接端点,提升了武汉市在区域创新网络中的连通性。第一层级共有4个联系对,分别链接北京、美国;第二层级有11个联系对,联系点添加了上海、广州,形成"T"字形的结构;第三层级的56个联系对除了国内的若干城市外,还包含英国与德国,增加了一个新的分枝,最终构成"十字形"结构。

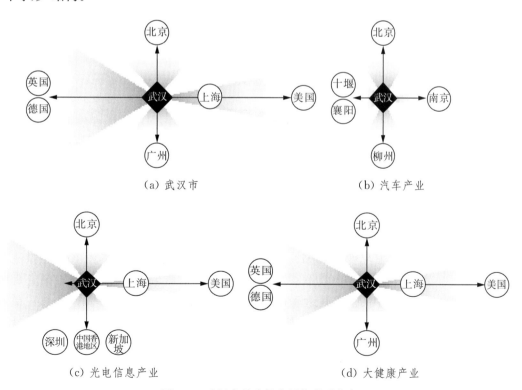

图4-5 武汉市的多尺度网络联系分布

各产业的层级结构在"十字形"的骨干结构基础上表现出差异性。其中,汽车产业网络联系的"十字形"结构收缩至国内,长轴呈南北向展开,以北京、柳州为端点,短轴变为东西向,东向主要端点为南京,西向端点包括十堰、襄阳等城市。光电信息产业中的"十字形"结构弱化为"V"字形结构,北向以北京为轴线端点,东向以美国为端点,西面、南面则缺少主干联系。大健康产业创新联系的层级结构是与整体网络基本一致的"十字形"结构。

4.3.2 关联关系的尺度特征

1)"本地主导、国家次之"的尺度特征

武汉市创新网络对不同尺度的依赖程度从高到低依次为"市级—国家—全球—省级",呈现市级主导、国家次之的特征(图4-6)。市级尺度的网络联系有51 130对,占比达到58.92%,是网络联系最为集中的尺度层级。这说明武汉城市创新合作活动已高度本地化,这与武汉拥有较多的科教资源,能够充当创新源有关。在三大产业中,光电信息产业网络的本地化程度最高,超过75%,显示出较弱的开放性;大健康产业网络的本地化程度最弱,仅占46.25%,开放性更强。

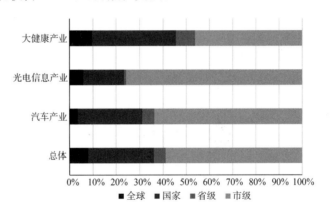

图 4-6 三大产业创新网络联系的尺度分布

2)分主体类型的尺度特征

在主体类型上,三大产业绝大多数的创新活动优先考虑市级尺度,其次是国家尺度(图4-7)。例如,各类研究机构中有62.60%的联系量流向本地,有25.31%的联系量流向国内的其他城市。这两个尺度在研究机构联系量中的占比高达87.91%,说明现阶段武汉市的创新活动仍然主要依托于本地的资源整合,其次是湖北省外、国内其他城市的创新合作。只有汽车产业的创新合作活动最为依赖国家尺度,其次是市级尺度,这与尺度层级依赖程度的总体特征相一致。

在资金来源类型上,不同产业所依赖的前两个尺度是市级与国家尺度,只有汽车产业的民资机构首要依赖国家尺度。例如,国资机构的联系量中有58.61%流向本地,有28.17%流向国内湖北省外的其他城市,两个尺度占总联系量的86.78%。即使是外(合)资机构也并没有表现出较强的全球化倾向,说明通过吸引外资来实现全球创新链接的效果并不理想。

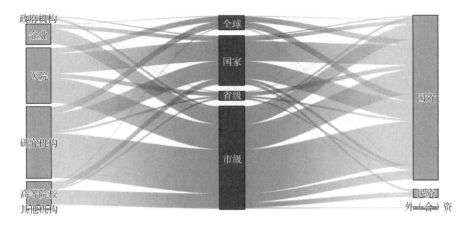

图 4-7 分主体类型的武汉市创新网络联系尺度分布

4.4 创新网络集群的识别与组织模式

4.4.1 创新网络的聚类分析

1) 城市知识创新网络的聚类分析

通过社区发现算法,共识别出9个网络组团(图4-8)。各组团在节点数量规模与主体所属的产业类型方面存在较大区别。其中,组团规模最大的为"生物农业+生物医疗"混合组团,包含241个创新节点与248个外部节点,重要节点有华中科技大学同济医学院、华中农业大学植物科学技术学院。集群规模最小的为华中师范大学数字教育组团,仅包括9个创新节点与18个外部节点,重要节点包括华中师范大学信息化与基础教育均衡发展协同创新中心等。从产业类型上看,形成了1个汽车产业网络组团、2个大健康产业网络组团、2个光电信息产业网络组团以及4个混合网络组团。

2) 不同产业创新网络的聚类分析

从汽车产业网络中可识别出4个网络组团。其中,最大的组团为东风汽车研发制造组团,包括33个创新节点与83个外部节点,重要节点有东风汽车集团有限公司技术中心、东风商用车技术中心。最小的组团为武汉科技大学汽车研发组团,重要节点为武汉科技大学汽车与交通工程学院。东风汽车研发制造组团与通用汽车研发制造组团中能级较高的创新节点为企业,另两个组团的核心节点则为高等院校与研究机构。

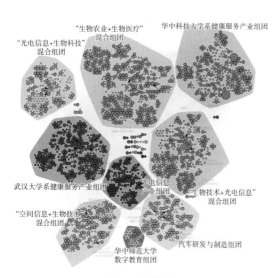

（a）三大产业

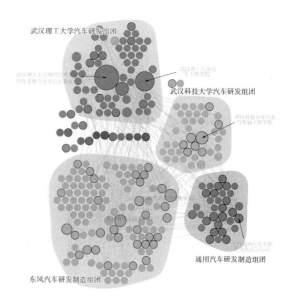

（b）汽车产业

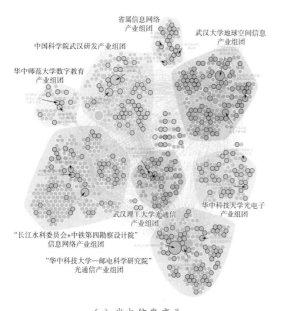

（c）光电信息产业

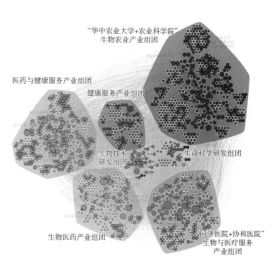

（d）大健康产业

图 4-8　武汉市创新网络的组团分析

光电信息产业网络中出现了 8 个网络组团。其中，最大的组团为武汉大学地球空间信息产业组团，包括 78 个创新节点与 107 个外部节点，重要节点有武汉大学遥感信息工程学院等。最小的组团为华中师范大学数字教育产业组团，重要节点包括华中师范大学国家数字化学习工程技术研究中心等。

从大健康产业网络中可识别出 7 个网络组团。其中，组团规模最大的"华中农业大学＋农业科学院"生物农业产业组团包括 215 个创新节点与

284个外部节点,重要节点有湖北省农业科学院等。组团规模最小的为生命科学研发组团,重要节点有华中科技大学生命科学与技术学院等。除了"华中农业大学+农业科学院"生物农业产业组团与生物医药产业组团之外,其他组团均具有"研、教、服"一体的复合功能。

4.4.2 创新网络集群的识别与分类

1) 创新网络集群的识别

根据上述的网络聚类分析结果,综合识别出了武汉市创新网络集群(图4-9)。不同于创新集聚区基于实体地域空间的识别方式,网络集群以创新节点间关系的密切程度来划分,一般由产业创新节点、多尺度外部节点以及相互间的关系联系共同组成。研究共识别出19个网络集群,其中汽车产业集群4个、光电信息产业集群8个、大健康产业集群7个。

2) 创新网络集群的基本特征

经统计整理,从创新节点规模、创新节点类型、创新节点资金来源、

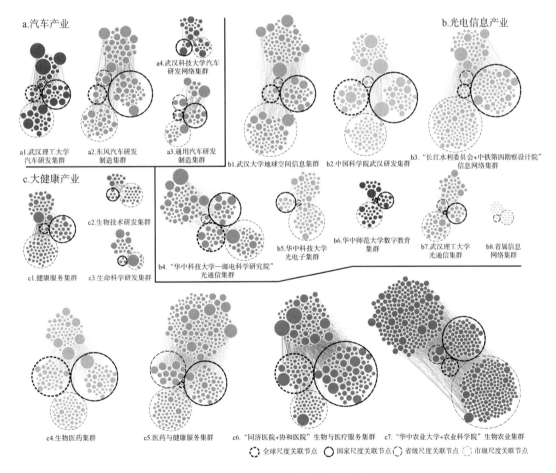

图4-9 武汉市创新网络集群

外部节点规模等方面总结了网络集群的基本特征。从表4-3可以发现,集群的创新节点平均规模为51个;节点类型较为多元化,有12个集群是由单一类型主体引导的,而资金来源的多样性更高;外部节点数量要多于创新节点的数量,平均数量达90个,其中以本地与国家尺度的外部节点数量较多。

表4-3 武汉市创新网络集群的基本特征

名称	创新节点			外部节点数量		
	数量/个	类型	资金	总计/个	本地/个	非本地/个
东风汽车研发制造集群	33	企	国	83	37	46
通用汽车研发制造集群	18	企	国	15	11	4
武汉理工大学汽车研发集群	14	企	国	44	20	24
武汉科技大学汽车研发集群	8	企	民	31	15	16
武汉大学地球空间信息集群	78	企+研	国	107	69	38
"华中科技大学—邮电科学研究院"光通信集群	60	企+研	国	78	39	39
"长江水利委员会+中铁第四勘察设计院"信息网络集群	51	企	民	215	126	89
中国科学院武汉研发集群	49	企	民	124	62	62
华中科技大学光电子集群	36	企	民	56	43	13
武汉理工大学光通信集群	32	企	民	45	29	16
省属信息网络集群	19	企	民	19	17	2
华中师范大学数字教育集群	10	研+企	国	33	23	10
"华中农业大学+农业科学院"生物农业集群	215	企+研+医	国	284	195	89
医药与健康服务集群	154	医+企	民	150	82	68
"同济医院+协和医院"生物与医疗服务集群	78	医+企	民	169	56	113
生物医药集群	54	企	民	149	64	85
健康服务集群	32	医	国	75	52	23
生物技术研发集群	17	企	民	8	5	3
生命科学研发集群	10	研+企+医	国	30	24	6

注:"企"代表企业;"研"代表研究机构;"医"代表医院;"国"代表国资;"民"代表民资。

3) 创新网络集群的类型

从创新链功能与网络关联尺度两个方面来划分创新网络集群的类型。首先,与创新集聚区的分类类似,依据所承担的知识创新链功能将网络集群划分为科教研发型、生产制造型与综合功能型三类。其次,根据网络集群内不同尺度关联关系的占比,将网络集群划分为本地型、本地—国家型、本地—全球型与国家—全球型四类。在得到的集群分类矩阵中(表4-4),纵向上科教研发型集群数量最多,共有9个,生产制造型集群最少,仅为3个;横向上本地型集群数量最多,共有10个,而国家—全球型网络集群最少,仅有1个。

表4-4 武汉市创新网络集群的类型

类型	本地型	本地—国家型	本地—全球型	国家—全球型
科教研发	华中科技大学光电子集群;武汉理工大学光通信集群;华中师范大学数字教育集群;生命科学研发集群	武汉理工大学汽车研发集群;武汉科技大学汽车研发集群;"华中农业大学+农业科学院"生物农业集群	中国科学院武汉研发集群;生物医药集群	—
生产制造	通用汽车研发制造集群;"长江水利委员会+中铁第四勘察设计院"信息网络集群	东风汽车研发制造集群	—	—
综合功能	武汉大学地球空间信息集群;省属信息网络集群;健康服务集群;生物技术研发集群	医药与健康服务集群	"华中科技大学—邮电科学研究院"光通信集群	"同济医院+协和医院"生物与医疗服务集群

4.4.3 创新网络集群的组织模式

创新网络集群内的组织既取决于创新节点能级的相对大小,又关乎主要关联关系的分布。利用首位度指数来测度节点能级结构,分析网络集群中创新主体节点的体系特征。图4-10中以首位度值3为界将网络集群的首位度指数分为两级。首位度大于3,表明首位节点的能级水平远超其他节点,是集群中的单核心;首位度小于3,表明集群中存在若干个能级相当的节点,由它们共同组成集群的组织核心。从计算结果可以看出,多数创新集群内部的首位度不超过3,即网络中呈现出较高的多中心性。

结合此前关于创新网络集群特征的分析,能够总结出创新网络集群大概的组织模式(图4-11)。这种模式是在强烈的知识需求牵引下,由多元主体、多源资金共同参与,若干支柱节点进行的全球性创新结网,这种网络是多尺度的,因节点的差异而偏向不同的尺度空间。支柱节点扮演者连通了本地创新与多尺度空间的创新枢纽。譬如,"同济医院+协和医院"生物与医疗服务集群以华中科技大学同济医学院以及同济医院、协和医院三大核心网络节点辐射带动了本地中小节点,兼具稳定的国家与全球管道。

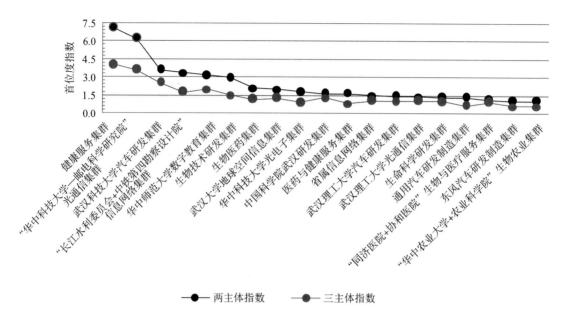

图 4-10　各创新网络集群的首位度指数统计

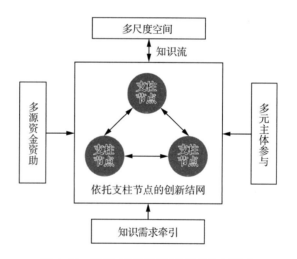

图 4-11　武汉市创新网络集群的组织模式

4.5　创新网络集群的影响因素及其形成机制

4.5.1　指标选取与计算

1）指标维度确定

城市创新网络集群的形成源自创新主体对更有效创新合作关系的追求。已有研究对于这种追求的动机有如下解释：一种解释是，网络集聚是为了借用其他城市的创新规模来"充实"自身，提升本地的地理集聚效应；

另一种解释是,网络集聚是为了借用其他城市的创新功能,从外部引入更高级的创新功能,提升本地的创新高度。此外,不同尺度的创新网络管道也是决定能否获得理想网络外部性的重要因素。总结了当前研究中关于创新网络集聚的相关研究发现,各类影响因素可归结于网络联系、网络外部性、地理环境与其他因素等方面(曹贤忠等,2018,2019b;姚常成等,2019,2020a;丁小江,2020;郭振松,2017;高丽娜等,2020;李倩,2020)。因此,综合已有研究成果从借用规模、借用功能以及网络管道尺度三个方面分析影响武汉市创新网络集聚的因素。

2)指标变量选取

按照上述维度,以代表性、易获取、符合研究目标为选取原则,参考已有研究内容选取了6个核心变量与2个控制变量,各变量的描述如表4-5所示。

表4-5 武汉市创新网络集群形成影响因素的变量列表

类型	名称	代码	描述
核心变量	借用规模	borrowed_size	对其他城市规模的借用形成的网络外部性
	借用功能	borrowed_function	对其他城市创新功能的借用形成的网络外部性
	管道总量	link	创新主体拥有的创新管道总数/条
	全球管道	global	拥有全球创新管道为1,不是为0
	国家管道	national	拥有国家创新管道为1,不是为0
	省级管道	provincial	拥有省级创新管道为1,不是为0
控制变量	上级扶持政策	u_policy	位于国家开发区内为1,不是为0;省部级资助的研究机构为1,不是为0;二者不累加
	创新服务邻近性	service_d	与最近创新服务机构(专利代理、知识产权、技术转移和科技信息分享等)的距离/km

3)关键指标计算

(1)借用规模

借用规模通常是指某城市通过一定的网络管道从其他城市处获得的、超过本地规模可能产生的额外外部性,这种现象被形象地比喻为该城市"借用"了其他城市的发展规模。与集聚经济研究相关的文献中,常采用人口规模或人口密度来表征城市规模,进而描述城市的集聚程度。研究者也逐步扩展了表征数据的来源,例如,近年来美国国防气象卫星计划(Defense Meteorological Satellite Program,DMSP)/线性扫描系统(Operational Linescan System,OLS)夜间灯光影像被越来越多地用于衡量城市规模(刘修岩等,2017;李松林等,2017)。基于此,通过空间距离权重矩阵来计算城市从网络中获得的借用规模数值。而这种借用规模是发生在城市网络之中的,为此,有学者转而采用网络指标来测度网络外部性效应。例如,黄印等(Huang et al.,2020)采用接近中心度(closeness centrality)来检测网络外部性对城市经济增长的促进作用。

本书聚焦于微观视角,沿用黄印等人的思路,使用接近中心度这一指标来表征创新主体的借用规模水平。接近中心度反映了创新网络中某一节点与其他节点之间的接近程度,值越大表示该节点越处于中心位置。创新主体的发展不是孤立的个体,不单纯依赖于自身投入,而是与整个创新网络中的其他节点相关联。在网络外部性的维系下,联系紧密的节点形成利益共同体,彼此间相互影响。因此,与其他节点接近程度越高的节点将更有可能借用其他节点的创新规模,计算公式如下:

$$borrowed\_size_i = (n-1)/\sum_{j=1}^{n} d_{ij}(i \neq j) \quad (4-5)$$

式中:d_{ij} 是点 i 和 j 之间的捷径距离(即捷径中包含的线数);n 为所有创新节点的数量。

(2) 借用功能

梅耶斯(Meijers)等人将借用功能从借用规模中剥离出来,卡马尼等(Camagni et al.,2015)改进了前人的城市功能专业化程度的测度方法,采用高端产业从业人数占劳动力总人数的比重来表征一个城市的功能。然后,仍通过空间距离矩阵的方式来计算城市的借用功能数值。后续学者多沿用此方法开展实证分析(刘修岩等,2017;李松林等,2017)。本书依旧沿用此方法,用百万人中研究与开发(R&D)人员数量来测度城市/国家的创新功能。同时,鉴于以往研究多集中于区域或国家,空间距离差异较小,而本书的研究范围涉及全球范围,因此采用创新节点间的知识合作次数来代替。此时,所测度的借用功能将减少空间距离与时间距离的影响,主要由节点间的知识合作水平与功能水平决定(姚常成等,2019;Li et al.,2018),计算公式如下:

$$borrowed\_function_i = \sum_{j=1}^{n} w_{ij} \times T_i T_j (i \neq j) \quad (4-6)$$

式中:w_{ij} 是创新主体 i 和外部(省级、国家与全球尺度)网络节点 j 之间网络管道的权重;T_i 为创新主体 i 的研究人才数量,由于创新主体相对于城市、国家而言体量可以忽略不计,因此此处统一取值为 1;T_j 为外部网络节点 j 的每百万人中研究与开发(R&D)人员数量。

4.5.2 回归结果分析

1) 多重共线性检验

为保证回归分析结果的可靠性,对创新网络集群形成的影响因素进行多重共线性检验。检验结果表明,各变量的方差膨胀因子(VIF)最大值为 5.23,平均值为 2.36,在可接受范围之内,说明各变量之间不存在明显的多重共线性问题。此外,各变量之间的相关系数结果显示,所有系数的绝对值仅有一处大于0.8,说明各变量之间的独立性较好,符合模型应用的要求。

2) 回归结果分析

根据变量的特点设定了不同的回归模型进行分析,以区分不同网络管道对创新网络集群的差异影响。表4-6给出的具体回归分析结果表明,回归分析的结果支持了模型假设。

(1) 核心变量

①借用功能。在模型4-1中显著性水平达到5%的水平,通过显著性检验,该因素在模型4-2至模型4-5中表现出符合预期的影响,但较少通过显著性检验。这表明,借用功能的确为创新节点带来了收益,促使节点形成创新网络集群以获得更多的可借功能。借用功能效应有助于创新主体补充高级创新能力,塑造更高能级的创新能力,从而更容易占据集群中的核心位置。②借用规模。在模型4-1至模型4-5中,借用规模因素均

表4-6 网络集聚因素对城市创新集聚的影响分析

变量	模型4-1	模型4-2	模型4-3	模型4-4	模型4-5	模型4-6	模型4-7	模型4-8
	总体	管道总量	全球管道	国家管道	省级管道	汽车产业	光电信息产业	大健康产业
借用功能	0.295* (0.136)	0.285* (0.126)	0.135 (0.069)	0.219 (0.119)	0.108* (0.054)	0.968 (0.893)	1.444** (0.515)	0.133 (0.074)
借用规模	0.187*** (0.013)	0.181*** (0.010)	0.177*** (0.010)	0.187*** (0.013)	0.177*** (0.010)	0.846* (0.342)	0.115*** (0.019)	0.331*** (0.044)
管道总量	−0.242 (0.205)	−0.359* (0.148)	—	—	—	13.682*** (1.421)	−1.388* (0.723)	0.433 (0.254)
全球管道	0.264 (1.276)	—	−0.133 (1.060)	—	—	—	—	−3.181** (1.412)
国家管道	−0.792 (0.600)	—	—	−1.022 (0.570)	—	−16.569*** (1.667)	0.325 (1.425)	−1.311 (1.318)
省级管道	−0.011 (0.359)	—	—	—	0.581 (0.388)	—	—	0.252 (0.545)
上级扶持政策	0.388 (0.274)	0.366 (0.271)	0.348 (0.270)	0.389 (0.274)	0.349 (0.271)	−1.700 (1.034)	−0.047 (0.406)	0.802 (0.871)
创新服务邻近性#	−0.064** (0.020)	−0.062** (0.020)	−0.059** (0.019)	−0.063** (0.020)	−0.059** (0.019)	0.091 (0.204)	0.108 (0.132)	0.052 (0.043)
常数项	−1.830*** (0.240)	−1.822*** (0.236)	−1.817*** (0.233)	−1.835*** (0.240)	−1.818*** (0.234)	−19.512* (8.330)	−0.122 (0.398)	−5.854*** (1.171)
拟合优度 R^2	0.697	0.695	0.694	0.696	0.694	0.840	0.373	0.914
对数似然(log likelihood)	−208.008	−209.008	−210.076	−208.265	−209.983	−11.051	−86.620	−35.976
样本量/个	1 004	1 004	1 004	1 004	1 004	81	351	572

注:*、**、***分别表示在5%、1%、0.1%水平上显著;( )内为稳定标准误值;"#"表示负向指标。

表现出较好的积极影响,显著水平都达到 0.1%。武汉市创新主体通过借用外部节点的规模,能够显著降低创新成本、提升创新绩效,同样能够驱动集群的形成。还可以看出,目前武汉市的创新借用规模要比创新借用功能的作用稳定,承担更加突出的角色。③管道总量。该因素在模型 4-2 中显著,在模型 4-1 中不显著,与预期的作用方向相反。这说明管道总量并不是创新主体网络集聚的决定性因素,不同尺度管道的作用不一。④全球管道。该因素在模型 4-1 中不显著,在模型 4-3 中没显示出预期作用。这一结果与全球管道建立的高门槛有关,它往往要跨越较大的制度、文化差异与维护成本,大多数创新主体难以拥有。因此,是否拥有全球管道对于创新网络集群的促进作用十分有限。⑤国家管道。该因素在模型 4-1 和模型 4-4 中均没有形成预期作用,说明国家管道的存在不利于创新网络集群的形成。这是由于拥有国家管道的创新节点往往是其他创新中心城市在武汉的锚点,对于武汉市本地的回流效应不足。⑥省级管道。该因素在模型 4-5 中的正向影响力均没有达到显著水平,在模型 4-1 中没有表现出预期影响。这说明省级管道在创新网络集群的形成过程中具有一定的作用。原因是,省内的创新联系更有利于借用功能与借用规模的发生,这一点与国外梅耶斯(Meijers)等人关于创新借用多出现在大都市区尺度上的结论具有相似性。综合而言,整体上全球管道与省级管道的存在对于创新网络集群的形成更具有积极作用。

(2) 控制变量

①上级扶持政策因素。该因素在模型 4-1 至模型 4-5 中均表现出正面影响,但显著性水平不高。受到上级政策支持的武汉创新主体往往具备较大的创新规模与较高的创新功能,与国家资助体系之中的其他城市拥有更好的创新合作基础,在网络中能够进入网络集群。但也存在主要进行内部创新、对外合作意愿不高的创新主体。②创新服务邻近性因素。该因素在模型 4-1 至模型 4-5 中表现出对于网络集聚的显著作用,显著性水平达到 1%。专利代理、知识产权、技术转移等服务为创新合作的实施和维持提供了保障,间接地促进了创新网络集群的形成。这两个与地理空间环境相关的因素影响力结果也表明,网络集聚过程与地理空间环境因素密不可分,优质培育环境对创新节点创新能力的促进作用会在一定程度上延续到网络集聚过程之中。

(3) 分产业比较

从各产业内部来看,回归分析结果存在较大差异。其中,借用功能与借用规模在各产业内部均产生了预期中的积极作用,有利于创新网络集群的形成。在汽车产业中,管道总量具有显著的正向作用。在光电信息产业中,国家管道具有正向作用,但没通过显著性检验。在大健康产业中,管道总量、省级管道与上级扶持政策还存在预期中促进创新网络集群形成的作用。这种差别既是不同产业之间的差异性造成的,也与回归变量减小影响了回归结果有关。

4.5.3 创新网络集群的形成机制

1) 网络集聚的微观动力:企业开放式创新模型

网络集聚的出现源自企业通过权衡集聚的效益与成本而采取的开放创新战略。开放式创新主要解决利用外部知识提升内部创新,从而优化经济效益的问题。传统的封闭式创新将企业的创新局限于内部,所能组织的人力资源与创新要素都是有限的。但是,随着市场技术加速更新、产业链分工细化以及信息技术的广泛应用,封闭式创新难以满足市场竞争需求。在这种背景下,开放式创新逐渐兴起。企业通过整合外部资源、协同伙伴群体进行创新,无须直接组建专门的团队或者研发特定的技术也能创造额外效益。

"开放式创新"模型的主要构成部分有输入端、过程端和输出端。其中,输入端涵盖企业内部的知识库与外部知识库两个部分,知识来源的扩大提升了创新成功的可能性。过程端主要发生企业通过联合外部的其他机构整合创新资源及优化创新布局的过程,此类操作包括外部技术的内部化、技术研发的外包、产业部门的剥离、派生出中小研发机构或者技术授权等。输出端则是创新产品投向的原有市场与新兴市场。实践表明,"开放式创新"的横向漏斗模型能够显著提升企业的创新绩效,成为现在企业创新的流行范式。

多尺度创新合作所产生的优势能够创造可观的创新收益,使得企业纷纷投入开放式创新,合作对象不局限于地理邻近的周边区域。企业层面的网络集聚效益最终累积为城市层面的网络外部性。这从微观角度阐述了城市创新网络集聚的基础。

2) 创新网络集群的形成机制解释

企业等创新主体为获取更高的创新收益而选择组建创新网络,网络所具有的外部性效应保证这种组织形式得以长期维系并不断加强,形成稳定的创新网络集群。从创新主体的创新能力塑造到合作关系建立的成本权衡,再到最终出现网络集聚效应,可见形成网络集群是一个多阶段的发展过程(图4-12)。

(1) 创新网络节点孕育阶段

这一阶段,在良好地理空间环境的帮助下,部分创新主体发展出相对较强的创新能力,迸发出更大的市场竞争需求。此时,要么挖掘内部潜力,进一步激发内生创新动力;要么采取合作创新模式,从外部引入创新资源。相比较而言,前者的封闭性更强,受制于企业自身的规模与知识储备,对创新能力的提升有限;而后者的开放性则帮助创新机构进入整个市场,通过分享而非拥有此前难以取得的关键知识与技术。由于这种优势,越来越多的创新主体开始采用这种途径。地理环境的意义在于,创新主体仍旧无法脱离地理空间提供的空间场景,如果地理空间环境不佳,基本需求将难以保障。

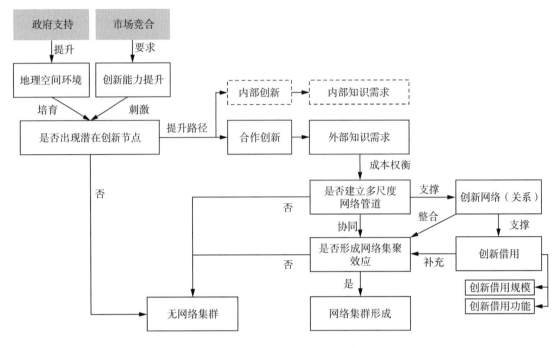

图 4-12　武汉市创新网络集群的形成机制

(2) 创新节点合作关系建立阶段

第二个阶段是创新主体创建网络联系的过程。跨市域网络联系产生的原因在于地理集聚的效益无法满足预期,而采取网络集聚的方式有望获得所需的创新资源与外部知识。在选择创新合作伙伴时,需要进行集聚成本的权衡。一般而言,包括三个方面的考虑:一是,是否能扩大外部知识的引入范围,有助于在更大程度上接触前沿知识,锁定自身的创新方向;二是,能否降低创新成本,可否利用外包、众筹等方式,使得外部技术人才与技术团队为我所用,避免了自建团队所带来的高额成本;三是,是否有助于提升创新成功率,充足的知识库与更高效的创新资源配置减少了中间的尝试环节,增加了创新成功的概率,同时缩短了创新所需的时间。

(3) 网络管道形成阶段

第三个阶段是城市间网络管道形成的阶段。这种管道依赖于两个方面:一方面,主体间的功能联系最终汇聚成城市层面的功能网络,成为催化城市网络外部性效应的媒介。通过这种管道,城市可以从其他城市获得利于自身创新活动的资源,形成网络外部性效应。不同尺度的管道扮演着不同的角色。根据回归分析结果,全球管道利于网络集聚,但作用效应的普遍性不强,国家管道是城市创新借用规模与借用功能的核心支撑管道,而省级管道更多扮演区域中心城市向周边城市扩散创新的"被借用"管道。另一方面,城市间功能网络的构建还必须依托于复合式的基础设施网络,主要是综合交通网络与通信网络。交通网络主要指航空、高铁、高速公路等的区域交通网络,而通信网络则通过光缆、通信塔等设施来实现全球信息交流。这些基础设施网络大大降低了人、物、资金、信息等要素流动的成本，为创新功能网络的建立提供了承载体系。基础设施网络越密集越便利，形成强健创新网络的可能性越大。

（4）网络集聚效应发挥阶段

第四个阶段是城市网络集聚效应发挥、加强创新网络集群凝聚力的阶段。这种网络集聚效应可以分为三个部分。

一是，创新合作的协同效应，涉及创新合作中的合作关系与互补关系。协同状态是多个联合的创新主体的总效用要大于单个个体效用之和，即"1+1＞2"的效应。同质创新主体之间通过兼容合作形成横向协同效应，异质的创新主体之间通过互补合作形成纵向协同效应，两者都包含协同效应。

二是，创新网络系统带来的整合效应。创新网络同一般网络一样，属于一种复杂系统。因此，创新网络的组织具有典型的系统特性。从系统性视角来看，武汉市知识创新网络是一个由各类型创新主体凝聚而成的整体，个体的行为受到系统的集体调控。这种调控包括对网络中主体的各类资源进行重新整合与组装，形成一个衔接密切、集体行动的有机体。随着多维度的整合，有利于创新主体之间新合作关系产生的协同效应得到增强。

三是，在协同与整合的基础上，创新主体间的具体合作会产生创新借用效应。梅耶斯（Meijers）等人的研究表明，这种借用可以分为对创新规模的借用与对创新功能的借用。其中，创新借用规模主要得益于对其他城市所拥有的创新规模的借用。这种借用可以通过三种方式实现：①借用特定类型的公共服务设施，如大科学装置、实验设备、知识产权中心等，用于自身的创新研发活动。②获得更广阔的知识市场，远距离的创新合作能够将全球各地的先进知识纳入创新流程之中，从而加速创新进程、提升创新成功率。③能够避免城市内部过度地理集聚所带来的拥挤效应，将部分创新职能转移至其他地区，以缓解城市内部产业集聚压力，带动区域的整体发展。典型的例子就是武汉市光电子产业向周边城市的迁移。武汉市已经形成了具有世界竞争力的光电子制造产业，产业规模十分可观。由于城市产业用地存量的不足，开始在周边城市中建立合作园区转移部分产业链环节，类似的园区有光谷黄冈科技产业园、洪湖新滩新区等。武汉市实现创新借用规模的同时，不断完善的区域基础设施网络也在促进武汉大都市区的发育；特别是武汉市部分产业链条向周边城市的延伸更加刺激了大都市区的形成，在空间上推动了区域创新格局的完善。

创新借用功能是利用集群内其他主体的创新功能来实现自身的知识创造，具体可从三种方式实现：①开拓新的创新领域。在探索新的创新方向时，通过与在该领域已有创新基础的节点合作，学习相关经验，以更好地掌握该领域的状况。以芯片产业为例，武汉市自2006年成立武汉新芯集成电路股份有限公司进入该产业，随后陆续与飞索半导体（Spansion）、豪威半导体等国际领先企业合作开展技术研发，并最终形成自有的技术解决方案。企业创立初期对其他城市先进闪存技术的合作与借用,是武汉市开辟芯片产业的重要举措。②提高创新调整能力。全球高等级创新城市竞争的重要方面在于对前沿领域的争夺。与全球顶尖机构保持良好的合作关系有助于全面掌握创新动向,及时调整创新活动部署。③增厚基础创新实力。功能的借用有助于完善相关基础布局,吸引对应的创新人才,增厚基础创新能力,反过来促进创新功能的提升。近年来最为著名的事件便是斗鱼直播从广州回迁武汉,并成功在纳斯达克上市。斗鱼的落户,极大地增强了武汉市在互联网领域的创新实力。显然,通过上述途径,创新主体将从区域创新网络中获得额外的功能补充,提升创新效率。

总之,在地理集聚效应之上,创新主体通过多尺度网络管道组建了一个个创新网络集群,经借用、整合、协同等方式获取网络外部性。这种外部性又进一步激励创新主体巩固创新联系,使得网络集群更加稳定与壮大,以获取长期的网络集聚效应。

5 叠加网络作用的城市创新空间类型与形成机制

5.1 数据处理与研究方法

5.1.1 数据处理

汇总前两章中关于创新主体的地理集聚与网络集聚的属性数据,并结合主体自身的属性数据一起形成新的数据库。在全部 1 298 个创新主体之中,位于创新集聚区内的创新主体有 830 个,位于网络集群内的创新主体有 1 004 个;同属两种集聚形态的创新主体有 708 个,不属于任一类集聚形态的创新主体有 136 个。这些数据将用于分析叠加了创新网络作用后的创新集聚区组织类型与特征。

5.1.2 研究方法

首先,采用耦合度与耦合协调度指数来判定叠加了创新网络作用后,创新集聚区中地理—网络集聚的耦合程度与类型。其次,采用多样性指数、k 均值聚类方法、综合制图分析等综合方法,分析不同类型集聚区中的网络主体构成、网络结构以及组织模式的特征。

1) 耦合度

耦合度是衡量系统中各模块间交互作用程度的指标。耦合度越高,表示系统各模块间协调的程度越好。根据耦合理论,采用耦合度指数来测度创新活动中地理集聚与网络集聚两个过程的协同水平。耦合度的计算公式如下:

$$C = \left\{ \frac{x \times y}{\left(\frac{x}{2} + \frac{y}{2}\right)^2} \right\}^k \quad (5-1)$$

式中:x 代表某集聚区内部网络管道的数量。y 代表该集聚区外部网络管道的数量。理论上,集聚区内外网络管道的数量越均衡,集聚系统也就越协同。k 为调节系数,取值为 0.5。耦合度 C 的取值为 $[0,1]$,值越大代表地理—网络集聚的协同水平越高。

2) 耦合协调度

该指标用于测度耦合系统的效能高低。高耦合度的同时，协调性更好的系统才能拥有更好的系统产出。本书采用协调度指数描述创新集聚区的地理—网络集聚过程的耦合效能。耦合协调度的计算公式如下：

$$D = \sqrt{C \times (\alpha x + \beta y)} \quad (5-2)$$

式中：α 与 β 为待定系数，对于创新活动而言，内外网络管道数量同样重要，因此二者均取值为 0.5。x 代表各集聚区内部网络管道的数量。y 代表各集聚区外部网络管道的数量。耦合协调度 D 的值域为[0,1]，值越大，代表创新集聚区的地理—网络集聚的耦合效应越强。

3) 多样性指数

香农多样性指数起源自对信息混乱程度的分析，后广泛应用于测度某个群落内不同类型个体的丰富度(鄢涛等，2012)。本书采用该指数衡量创新集聚区的主体类型多样性水平。多样性水平越高，表示集聚区内创新主体的类型越丰富，相应地也更有利于支撑开放创新系统；反之，若多样性指数值较小，则表明该集聚区中特定类型的创新主体较多，创新功能相对集中。香农多样性的计算公式如下：

$$H = -\sum_{i=1}^{n} P_i (\ln P_i) \quad (5-3)$$

式中：P_i 代表第 i 类创新主体占总数的比重；n 代表创新主体类型的种类数。

4) k 均值聚类方法

聚类分析是提取数据中的特征、按照类似性划分为不同组别的分析过程，常用的聚类分析方法为 k 均值聚类法(k-means clustering algorithm)(谢明霞等，2016)。该方法基于迭代求解的程序，以预先设定的组别随机选取 n 个对象作为初始聚类中心，计算每个对象与这些聚类中心的距离，并将其分配到距离最近的聚类中心。此过程持续迭代，直至聚类中心不再变化后程序终止。本书采用该方法来识别集聚区内部关联关系的尺度与功能特征。该聚类的目标函数为误差平方和(Sum of Squares for Error, SSE)，最终将找到其最小值。误差平方和的计算公式如下：

$$SSE = \sum_{i=1}^{k} \sum_{x \in c_i} dist(c_i, x)^2 \quad (5-4)$$

式中：k 表示聚类中心个数；c_i 表示第几个中心；$dist$ 表示欧几里得距离；x 表示一个聚类的样本对象。

5) 综合制图分析

在统计分析的基础上，综合运用空间分析与网络分析技术：一方面将各集聚区内部的创新网络进行空间可视化，呈现其内部组织结构；另一方面采用同心圆布局方式，可视化集聚区的外部网络管道分布，描绘其外部组织结构。

6) 多值逻辑回归模型分析

对于离散选择问题,当可供选择的选项只有两个时,将形成二值选择问题。这类问题可采用二值逻辑(Logit)模型解决。但是当选项超过两项时,应将方程进一步扩展为多值逻辑(Logit)模型(王灿等,2015)。多值问题是个体拥有 y 种选项的决策问题($y=1,2,\cdots,n,n$ 为正整数),如学校的选择、工作岗位的选择等。使用多值选择模型能够识别出影响个体决策的关键因素,从而预测并判断未来的决策行为。

不同类型的集聚区可被近似视为创新主体追求更好的创新环境时个体决策的系统结果。相关理论分析与文献研究表明,这一决策过程受到两类要素的影响,分别为空间要素与创新要素。由于集聚区类型超过两类,因此这种决策过程是一个多值选择问题。假设创新主体的选择为 y(其中,$y=1$ 代表选择分离型集聚区,$y=2$ 代表选择半耦合型集聚区,$y=3$ 代表选择耦合型集聚区),根据多值选择模型的原理可构建如下回归模型:

$$\ln\left[\frac{P(y=j)}{P(y=1)}\right] = \gamma_j Y_j + \_cons + \varepsilon \quad (5-5)$$

式中:$P(y=j)$ 为形成第 j 种类型集聚区的估计概率;γ_j 为影响因素的系数;Y_j 表示各类影响因素,包含空间准入类要素、产业准入类要素、场所营造类要素、资金支持类要素、创新设施类要素、合作关系类要素、网络管道类要素、创新扩散类要素等;$\_cons$ 为方程中的常数;ε 为误差项。

5.2 叠加网络作用的创新集聚区类型

"全球管道—本地蜂鸣"等理论说明,创新空间的绩效表现在很大程度上依赖于本地作用与非本地作用的叠加,即地理集聚与网络集聚效应的合理耦合,其标志自然是既形成较强的"本地蜂鸣"效应,又形成较强的"全球管道"效应,存在多重可靠的内外关联管道。因此,地理—网络集聚耦合水平的划分应主要考虑两个指标:内部网络管道数量、外部网络管道数量。

首先,集聚区内部所拥有的网络管道数量直接反映了其创新互动的活跃程度。管道数量越多,意味着集聚区内的创新互动越频繁。这里的内部管道指的是,集聚区内部创新主体之间存在的网络关系,一个联系对视为一条管道。内部网络管道支撑的互动促进了邻近创新主体间的知识溢出与分享,是创新本地化过程的体现。该过程最终产生"本地蜂鸣"效应,有利于创新的产生。

其次,集聚区的成功同样离不开外部网络管道输送的新知识。这里的外部网络管道指的是,集聚区内部创新主体与集聚区之外创新机构间所建立的网络关系连线,一个联系对视为一条管道。外部管道输送进来的新鲜知识直接促进了管道尽头创新主体的创新产出,体现了创新全球化的力量。同时,这些外部知识还可途经内部管道进一步扩散至邻近的创新主体,提升本地蜂鸣程度,最终促成地理邻近性(地理集聚)与关系邻近性(网络集聚)的共振。然而,并非所有集聚区都能最终达到这种共振状态,至少包括三种情景:内外管道数量都较为丰富的集聚区,地理—网络集聚耦合程度的上限较高;拥有一定数量本地管道的集聚区,"本地蜂鸣"效应较低,网络效应不够明显;缺乏创新网络管道的集聚区,网络集聚途径受限。

最后,采用耦合度与耦合协调度两个指标来评估创新集聚区的地理—网络耦合程度,共得出三种类型。其中,集聚区的耦合度以 0.4 为界,明显区分为高、低两个水平的群体;耦合协调度水平同样以 0.4—0.6 为界,分为两个层级。图 5-1 基于两个指标建立了平面坐标系,可以发现各集聚区组成的散点集中为三个组团,其中,右上椭圆代表的集聚区耦合度与耦合协调度水平均较高,说明其地理—网络集聚处于高质量的耦合状态;右下椭圆代表的集聚区耦合度较高而耦合协调度不足,说明其地理—网络集聚耦合水平较高,但其系统效应还不够高,是一种低质量的耦合;左侧椭圆代表集聚区中缺少内部网络管道,其地理—网络集聚的耦合尚处于萌芽阶段,二者间的耦合作用比较低。

据此,从叠加网络作用的角度出发,可将武汉市创新集聚区分为耦合型、半耦合型与分离型三类,共有 5 个耦合型集聚区、7 个半耦合型集聚区与 3 个分离型集聚区。

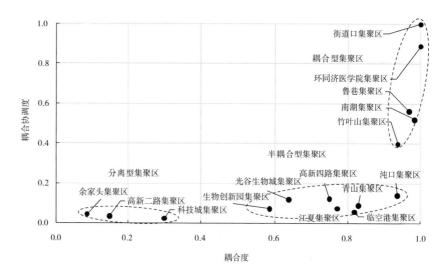

图 5-1　武汉市创新集聚区的耦合类型划分

5.3　不同类型创新集聚区的网络主体特征

5.3.1　集聚区中网络主体的数量分布特征

1) 集聚区中网络主体的数量

全部集聚区均有超过半数的创新主体参与创新网络之中,成为网络主体。其中,耦合型集聚区的平均规模最大,网络节点占比最高。统计结果表明(图5-2),全体创新集聚区中网络主体(节点)的平均规模为31个,是所在集聚区规模均值的64.8%。其中,耦合型集聚区的平均节点数量最多,达到55个,占比均超出60%;半耦合型集聚区的节点数量均值为29个;分离型集聚区的节点数量平均值最小,仅为19个。就网络节点数量而言,全体创新集聚区的大小差异较大。网络规模最大的街道口集聚区达到87个,而最小的青山集聚区规模仅为6个。

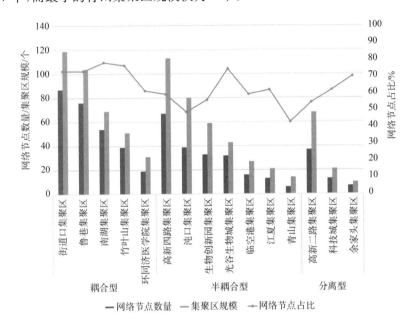

图5-2 三种类型集聚区中网络主体的规模

2) 集聚区中重要网络节点的能级比较

社会网络理论表明,核心节点对网络结构具有重大影响。因此,分析了全体集聚区中创新网络能级排名前两位的节点。如图5-3所示,耦合型集聚区中节点的能级显著高于另外两类集聚区,尤其是环同济医学院集聚区两个最大节点的能级远超其他节点。这说明,强大的核心节点是地理—网络集聚耦合的主体基础之一,较高影响力的节点能提升所在集聚区的网络集聚效应。

5.3.2 集聚区中网络主体(节点)的类型构成特征

1) 集聚区的网络主体类型数量特征

企业与研究机构是两种主要的网络主体类型,它们在耦合型集聚区中的数量相对均衡,而在另两类集聚区中则以企业为主。统计结果表明,企业类网络主体数量较多的是半耦合型与分离型集聚区,如高新四路集聚区、高新二路集聚区。研究机构类网络主体数量较多、企业主体同样不少的集聚区则集中于耦合型集聚区,如鲁巷集聚区、街道口集聚区与南湖集

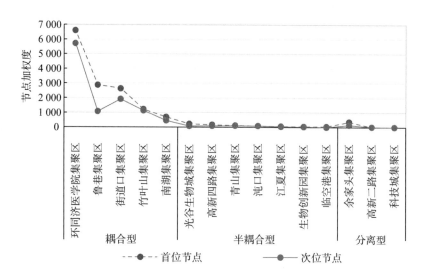

图 5-3　三种类型集聚区中重要网络主体(节点)能级的对比

聚区。其他集聚区的网络主体规模相对较小,如竹叶山集聚区拥有 23 家医院,数量最多;街道口集聚区拥有 14 家高等院校,数量最多。政府机构与其他机构直接参与创新合作过程的现象极少。上述分析结果表明,单一类型主导的集聚区不易产生良好的地理—网络集聚耦合叠加效果。

2) 集聚区的创新主体类型组成特征

运用聚类分析方法,依据主体占比数值可将集聚区划分为三种类型组成:企业节点主导型、产研节点结合型与产医节点结合型(图 5-4)。其中,企业节点主导型中的企业占比超过 60%,有 8 个集聚区属于这种类型;产研节点结合型的研究机构占比较大,有 3 个集聚区属于这种类型;最后,产医节点结合型的医院占比接近 60%,囊括 4 个集聚区。具体到三类集聚区,耦合型集聚区分别归属于产研节点结合型与产医节点结合型,半耦合型集聚区与分离型集聚区大多归属于企业节点主导型。结合不同类型主体数量的分布可以发现,主体组成丰富度高的集聚区更可能具有较高的地理—网络集聚耦合水平。

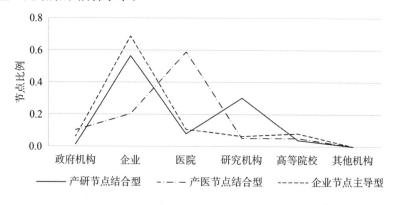

图 5-4　三种类型集聚区中节点组成类型的典型特征

5.3.3 集聚区中网络主体(节点)的多样性构成特征

多样性指数计算结果表明,集聚区的主体多样性程度具有异质性(图5-5)。例如,街道口集聚区的主体多样性数值达到1.49,而高新四路集聚区仅为0.23。其中,耦合型集聚区的多样性普遍较高,数值不低于1.06;半耦合型集聚区的主体多样性则相对较低,虽然江夏集聚区的主体多样性达到1.37,但多数集聚区的多样性水平低于1;分离型集聚区的多样性数值同样低于1。上述分析表明,较高的主体多样性是地理—网络集聚耦合发展的又一主体基础。

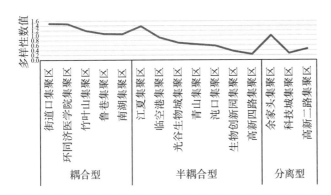

图5-5 三种类型集聚区中网络节点的主体类型多样性分析

5.4 不同类型创新集聚区的网络结构特征

5.4.1 集聚区中网络的关联尺度特征

1) 集聚区中网络的关联尺度数量特征

首先,从尺度上分析集聚区的关联关系数量,结果表明耦合型集聚区中网络的关联关系总量显著超过其他两类集聚区。其中,关联关系数量最多的街道口集聚区拥有17 311条关联关系。这说明关联关系的数量同样与地理—网络集聚的耦合水平有较强关系。

其次,统计了不同尺度关联关系的数量占比,发现处于国家与城市两个尺度上的关联关系数量最多,份额超过20%,明显高于其他尺度。同时还发现,三类集聚区中不同尺度的关联关系占比相差不大,区别在于半耦合型与分离型集聚区中城市尺度关联关系的占比更高。

2) 集聚区中创新网络的关联尺度组成特征

采用聚类分析方法确定了关联尺度组成的四种类型:城市主导型、国家主导型、城市—省级—国家型与城市—国家型(图5-6)。其中,在城市主导型集聚区中,城市尺度关联关系数量的占比最多且超过50%,知识的本地化效应显著;在国家主导型集聚区中,国家尺度关联关系占比最大且超过40%,同时城市尺度占比低于30%,知识创新依赖于国内的重要科技城市;在城市—国家型集聚区中,城市尺度与国家尺度的关系数量相当,均介于30%—50%,依赖于两个尺度知识流的互动;城市—省级—国家型的集聚区依赖于多个外部尺度。

具体到三类集聚区,耦合型集聚区归属于城市主导型、国家主导型以及城市—省级—国家型,不存在城市—国家型的耦合型集聚区。多数半耦合型集聚区与分离型集聚区归属于城市主导型。这个特点与耦合型集聚区拥有较多的内部知识互动,从城市内部其他区域获取知识的必要性降低有关。因此,建立更加广泛的外部网络管道是地理—网络集聚耦合发展的互动基础。

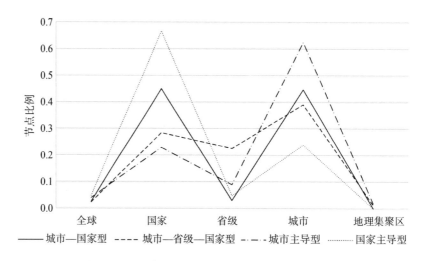

图5-6　三种类型集聚区中网络尺度类型的典型特征

5.4.2　集聚区中网络的多层结构特征

1) 内部网络结构特征

采用空间可视化方法刻画出创新集聚区内部的网络联系,并与创新产出密度叠加,以展现其内部网络结构。总的来看,耦合型集聚区的内部创新网络结构呈现"多中心网络化"的特征,半耦合型集聚区的内部创新网络结构呈现"点—轴联动"的特征,分离型集聚区的内部创新网络结构呈现"散点集中"的特征(图5-7)。

其中,耦合型集聚区的内部网络密度较高,密集的网络管道将创新主体粘连成有机的整体,形成多节点参与、网络联系密致的多中心结构。这种结构既有助于将从中心节点获取的知识尽快溢出到边缘节点,也有助于提高系统的稳定性,避免了单个节点变动带来的网络冲击。例如,街道口集聚区内的中国科学院水生生物研究所、武汉大学地球空间信息技术协同

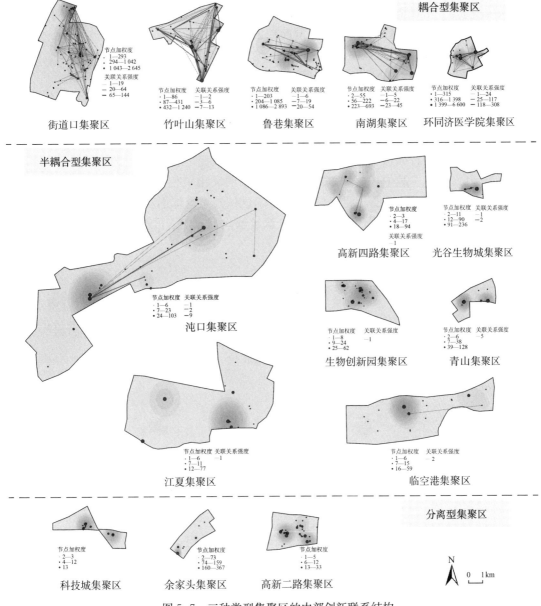

图 5-7 三种类型集聚区的内部创新联系结构

注:图中的圆圈大小与节点加权度成正比,直线粗细与节点间的关联关系强度成正比。

创新中心等中心节点,他们通过 146 条内部网络管道与其他节点相连,形成了最为密致的内部网络。

半耦合型集聚区的内部网络处于快速发育期,内部网络管道密度不高,核心节点数量有限。因此,网络更依赖于核心节点间的合作轴线,是典型的"点—轴联动"式网络结构。以沌口集聚区为例,其内部以东风汽车集团有限公司技术中心和东风商用车技术中心两个节点为依托,形成了一条沿东风大道的知识创新轴线。

分离型集聚区的内部网络发育程度处于初级水平，没有形成稳定的网络管道，其结果是，内部创新互动水平较低，彼此间相对独立地散布在集聚区内，网络结构处于松散的初创阶段。如科技城集聚区中坐落着众多网络节点，但是这些节点之间缺乏创新合作，未能形成有效的组织结构。

2) 外部网络结构特征

通过同心圆的布局方式，可视化出集聚区外部网络的多尺度特征（图5-8）。不难总结每类集聚区的外部网络结构特征：耦合型集聚区呈"密集发散、全尺度覆盖"的特征；半耦合型集聚区呈"定向发散、特定尺度覆盖"的特征；分离型集聚区呈"稀疏发散、不稳定尺度覆盖"的特征。

其中，耦合型集聚区外部网络的突出结构特征包括：①密集的网络管道。这些管道是集聚区与城市、区域乃至全球创新网络耦合的纽带。由于数量足够多，联系的方向也就足够发散，扩展了集聚区所能触及的范围。

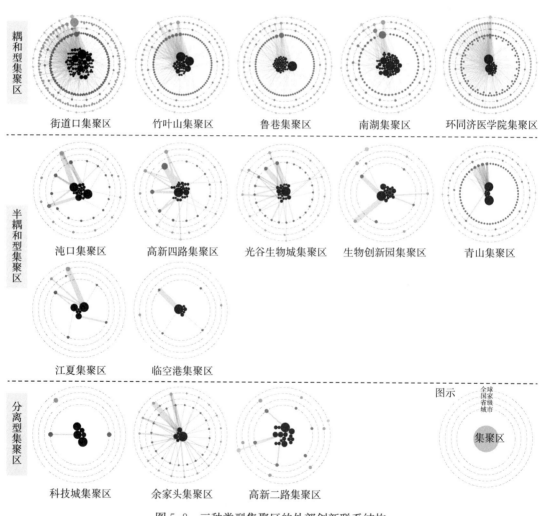

图 5-8　三种类型集聚区的外部创新联系结构
注：选取加权度大于5的节点、关系强度高于5的关联关系进行可视化。

②网络覆盖全部尺度。集聚区的网络关联实现了城市—省级—国家—全球的全覆盖,网络广度得到最大化拓展。例如,环同济医学院集聚区在每个尺度上都关联有大量的创新节点,稳定地链接在不同尺度上。

半耦合型集聚区外部网络的结构特征表现出:①定向发散的网络管道。与耦合型集聚区相比,半耦合型集聚区的网络管道密集程度大大减弱,集中在若干特定方向上。②网络覆盖部分尺度。特定方向的网络管道覆盖特定的尺度空间,主要覆盖尺度为城市尺度与国家尺度。例如,沌口集聚区的关联强度大于5的关联关系仅有13条,只能覆盖城市尺度与国家尺度。

分离型集聚区外部网络的结构特征表现出:①稀疏发散的网络管道。与半耦合型集聚区相比,分离型集聚区的网络管道数量更为稀疏,数量较为有限。②网络覆盖的尺度极不稳定。由于网络管道不多,尺度间链接的稳定性弱,所覆盖的尺度具有松散性。例如,高新二路集聚区关联强度大于5的关联关系仅有4条,与城市尺度与国家尺度的空间形成脆弱的链接。

5.5 不同类型创新集聚区的网络组织模式特征

创新集聚区所涉及的创新网络包含内部网络与外部网络两个部分。其中,内部网络由地理邻近性驱动,通过良好的知识溢出形成高频的隐性知识交流,称之为"本地蜂鸣"。优质的本地环境与知识匹配程度是决定一个集聚区能否成为隐性知识传播、创造与共享的场所的关键。外部网络由非地理邻近性驱动,即由关键知识合作关系所形成的"全球管道",其建立受集聚区主体结构、地理环境等的影响。综合内外部角度,总结了三种类型集聚区的组织特征。

5.5.1 耦合型集聚区的组织模式特征

耦合型集聚区,顾名思义是集聚区中地理集聚所带来的"本地蜂鸣"与网络集聚塑造的"全球管道"之间高度耦合,实现了知识流动的内外循环。这种叠加的组织模式可概括为"多中心簇群"+"多核轴辐链接"。

1) 高频的本地蜂鸣:多中心簇群

耦合型集聚区内部存在着显著的地理集聚效应,本地知识流动是活跃的、高频率的。这主要源自集聚区内良好的共同知识基础、包容的知识共享氛围。对于创新所需的知识而言,在邻近区域进行搜寻与匹配的成本最低。因此,创新主体优先在集聚区内寻找合作对象。同时,集聚区内创新主体的协同与互补程度较高,提升了知识匹配的成功率,从而形成了高频的蜂鸣。创新主体获得本地知识后,产出的创新成果与新知识又进一步加强了蜂鸣活动所需的知识基础。

这种高频的本地蜂鸣塑造了多中心簇群的组织模式(图5-9)。首先,簇

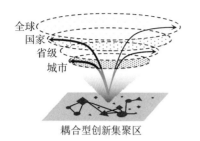 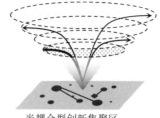 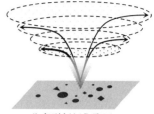

耦合型创新集聚区　　　　半耦合型创新集聚区　　　　分离型创新集聚区

图 5-9　耦合型集聚区的组织模式

群结构应确保地理距离上足够接近,为各种正式与非正式的交流提供绝佳的面对面交流机会;其次,这种结构往往围绕多个大型创新主体,这些主体的知识溢出为周边的中小主体提供了稀缺的隐性知识;最后,多中心结构中节点的功能各异,为获取想要的知识,各簇群间开展了必要的合作与知识流动。

2) 高密度的全球管道:多核轴辐链接

耦合型集聚区同时具有较强的网络集聚效应,拥有多尺度的牢固网络管道。这些管道是在本地知识不足,亟须获取外部知识源的条件下形成的。激烈的创新竞争促使创新主体快速更新知识,从外部获取知识的需求高涨。即使建立外部网络管道的成本较高,这一举措也仍被众多主体所采用。这些管道是在高频次合作与长时间持续下诞生的,它能够链接城市、省级、国家等多个尺度。耦合型集聚区的高创新产出是以大量、频繁的知识流动与创造为基础的,以高密度外部管道为纽带的。

这种高密度的网络管道呈现出多核轴辐链接的结构。密集链接在组织方式上以社会邻近、技术邻近等非地理邻近性为基础,建立了共同研究合作关系。在空间上,这种组织链接辐射全球范围,往往集中于城市与国家尺度。本地的多个核心网络节点通过轴辐式网络结构实现对外链接,多个轴辐网络的叠加最终构成了高密度的网络管道。

5.5.2　半耦合型集聚区的组织模式特征

在半耦合型集聚区之中,地理集聚带来的"本地蜂鸣"效应与网络集聚塑造的"全球管道"效应之间仅具有一定程度的耦合,产生的叠加作用要弱于耦合型集聚区。该类型集聚区的组织模式可概括为"点轴联动"＋"轴向链接"。

1) 中频的本地蜂鸣:点轴联动

半耦合型集聚区内部的地理集聚程度明显降低,本地知识交流频率处于中等水准。集聚区内存在有限的共同知识基础,限制了知识交流的程度。尽管本地合作的成本较低,但出于无法获得所需知识、竞争关系紧张等原因,创新主体难以建立大规模的本地合作关系,无法高频度地创新互动。受此影响,创新主体转向寻找外部合作对象,又进一步削弱了内部合作空间。

这种中频的本地蜂鸣塑造了点轴联动的组织模式。点轴结构意味着集聚区内的蜂鸣活动是定向的,只能在特定范围内发生;轴线两端的网络节点一般是集聚区中较大的创新主体,彼此交换、分享各自的知识储备以实现互利发展,周边的中小创新主体即使地理位置邻近也难以参与其中。也就是说,点轴结构无法顾及外围的孤立散点,带动作用有限。

2) 中密度的全球管道:轴向链接

与地理集聚效应相对应,半耦合型集聚区的网络集聚效应也不显著,其外部网络管道密度较耦合型集聚区明显降低。原因主要是集聚区内部高能级的创新节点数量不足,仅能维持有限的外部关联关系。因此,半耦合型集聚区的组织模式就弱化为轴向链接式。创新能级的不足制约了节点建立非地理邻近性的能力,决定了多尺度网络通道集中到若干轴向之上。在空间上,这种轴向链接突出存在于城市与国家尺度。由于单个节点的结网能力较弱,降低了网络的密度,大大削弱了与不同尺度空间链接的稳固性。

5.5.3 分离型集聚区的组织模式特征

在分离型集聚区中,地理集聚带来的"本地蜂鸣"效应并不显著,与网络集聚塑造的"全球管道"效应之间呈现出分离状态,也导致这些集聚区没能畅通"本地—全球"的知识流动通路。该类型集聚区的组织模式可概括为"散点集中"+"单向链接"。

1) 低频的本地蜂鸣:散点集中

从本地互动频次来看,分离型集聚区内部的知识流动程度微弱,所具有的地理集聚效应较低。这种情形在很大程度上源于集聚区内缺少必要的知识基础,知识共享困难,迫使主体依靠外部合作来支撑创新活动。集聚区仅仅是创新主体共享公共服务的场所,而期望中的知识溢出与共享等地理集聚优势并没有发生。出现这种情况与集聚区内缺少高能级创新主体有直接关系,低能级创新主体主要是知识吸收方而非知识提供方,很难推动知识流动。

与低频的本地蜂鸣相匹配,创新主体间形成了一种散点集中的组织模式。散点意味着创新主体基本不发生创新合作,知识流动水平极低;集中说明这些创新主体的空间位置邻近性较好,是公共服务配置、激励政策投入等措施的作用结果,反映了政府空间干预的作用。

2) 低密度的全球管道:单向对接

分离型集聚区的网络集聚效应虽处于低水平,但相较于地理集聚效应还是显著的。集聚区内部只有少数几个能级较高的创新节点,网络集聚能力有限,与多尺度空间存在少数网络管道。这样的网络以密度低、规模小为特征。

由于处于发展初期,分离型集聚区具有单向链接的组织模式。受限于节点能级,核心节点发挥社会邻近、技术邻近等非地理邻近性的能力有限,只能维持少量合作关系。在空间上,这种单向链接往往具有点对点的特征,虽然可能链接不同尺度。单个本地节点一般只能形成关系数目稀疏的单向网络,叠加之后密度也极低,与多个尺度上的链接关系极不稳定。

5.6 不同类型创新集聚区的形成机制

5.6.1 解释框架

关于创新资源空间配置理论的文献综述表明,创新资源(包括创新要素与创新主体)的载体形态取决于创新资源配置的模式。受计划经济体制的历史惯性影响,我国创新资源配置中的政府作用仍十分显著(王蓓等,2011),因此目前对于创新资源实行政府配置与市场配置并行的混合模式。具体到城市内部,混合的创新资源空间配置模式决定着创新集聚区的类型。这一作用机制需要从创新资源空间配置的过程开始。

1) 创新资源空间配置塑造了创新载体的理论基础

目前有两个领域重点关注创新载体的研究。一方面,公共管理领域的科技创新资源配置理论认为,创新载体是多种不同要素配置形式的集合体,也是不同类型的创新主体共同作用的集合体,其形态既可以是虚拟机构,也可以是实体组织(陶晓丽等,2017),揭示了载体的集群本质。另一方面,规划领域中关于创新空间的研究提出创新空间是由创新功能与物质建成环境组合而来的特定地理空间形态,强调创新空间的城市性特质(邓智团等,2020)。规划通过相关要素的管控与调节实现对创新空间的塑造(廖胤希等,2021)。前者是通过创新要素的作用将创新资源与创新主体集中至特定的组织形态中而来的载体,是创新功能实现的根本;而后者主要是由政府的空间要素引导作用塑造出的、以吸引创新资源与创新主体为目标的"空间容器"。但是,该容器对促进创新集聚的产生具有不确定性。

创新资源的配置是创新资源在时间与空间维度的分配与使用(白雪飞,2019)。创新资源的空间配置,主要指的是创新资源在不同层次地理空间中的分配过程,涉及配置主体、配置客体、配置模式与创新载体等(图5-10)。其中,配置主体包括宏观与微观两个层次:宏观层面是政府对各类资源的配置;微观主体是以企业为核心的多种创新活动从事机构,是组合、利用创新资源的微观组织,决定了创新资源转化为创新成果的效率,包括高校、政府部门、科研机构等(本书中分为六种类型)。

配置客体即创新资源,是在创新活动中必不可少的各类要素投入。创新资源具有流动性与空间根植性,意味着创新资源的保存、利用、转化必然与特定空间联系在一起。创新资源是吸引创新主体的重要手段,创新资源

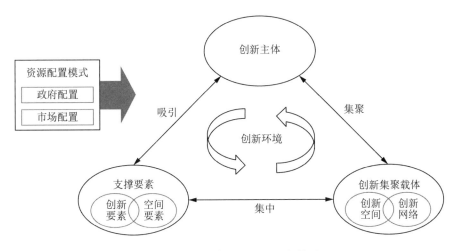

图 5-10 创新资源空间配置的体系

丰富的地区更有利于创新主体集聚。

知识创新环境是创新主体赖以存在的场所,是基于一定载体形式的环境组合,包括制度环境、产业环境、社会环境等。创新环境为主体的创新活动提供必要的物质环境与基础服务,为创新人才提供良好的工作、生活与休闲场所。

配置模式一般包括政府的计划配置模式与市场配置模式两种。在我国,各级政府通过直接投入研究与开发(R&D)资金、制定相应的创新制度等方式来配置公共的创新资源。其中,中央政府提供基础研究、社会公共服务型研究与国防科研等公共资源,地方政府则提供企业的"竞争前"技术、分担具有高风险的准公共资源(王蓓等,2011)。市场配置的对象是根据市场竞争所需的私人资源。为了抢夺市场资源配置的话语权,创新主体往往进行组织化协作。

创新载体受不同配置模式支配,实际上是一种创新集群的组织形态。在实体的地理空间中,表现为以地理邻近性为基础的各种创新空间,如科学城、创新街区、众创空间等。在虚拟的网络空间中,表现为以合作关系为基础的创新组织,如产学研创新联盟、技术协会等。

2)政府与市场的差异作用影响创新集聚区类型的基本逻辑

不难得出,不同类型的创新集聚区是在政府与市场两种力量的作用下,通过优化创新要素与空间要素两类要素塑造的(图5-11)。创新要素为创新资源的流动、使用与组合提供了条件,对于创新集聚区的形成具有直接引导作用;空间要素作用于创新资源的空间选址与场所塑造,对于创新集聚区起着隐性的引导作用。

3)强调创新资源"所有"与空间堆积的政府作用

各级政府推动知识创新资源优化配置的动力来自对提升自身经济发展水平的预期。为尽可能实现这种预期,决策者试图尽可能多地集中创新资源以投入创新过程。也就是说,地方政府更在意创新资源的"所有",期

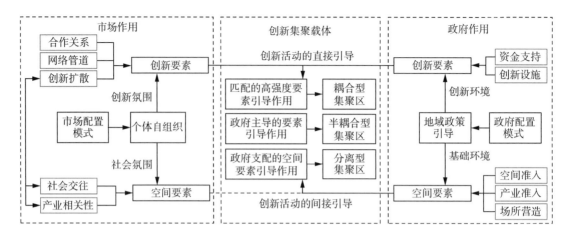

图 5-11　不同类型集聚区的生成逻辑

待创新资源的本地转化。武汉市各级政府就采取了一系列政策调控创新要素与空间要素以吸引创新资源集中,刺激集聚效应的产生。这种预期存在风险,第 3 章的研究结果表明,武汉市内不少产业园区缺少创新主体,不具有理想的创新能力。

在作用途径上,政府一方面通过引导创新要素至创新集聚区,从而形成比较优势。手段包括:①创新资金支持,武汉市政府将研究与开发(R&D)资金投入到高等院校、科研院所等公共创新部门,作为带动创新集聚区发展的支柱机构;②创新设施投入,将孵化空间、创新服务设施等配置到创新集聚区周边,为创新活动的开展提供必要的支撑。

另一方面政府通过调控空间要素,塑造出创新集聚区的区位价值。手段包括:①空间准入制度,武汉市政府通过创建各类开发区作为创新机构布局的准入空间,以土地出让价格为准入门槛,筛选出更具实力的机构;②产业准入制度,空间准入总体上仍是一种宽泛的制约门槛,无法区分不同的产业类型,为此武汉市政府设置了专业化园区来进一步管控不同产业的选址,为同类型创新主体的面对面交流提供了接触条件;③场所营造,通过提升创新集聚区的环境舒适性、交通可达性与服务邻近性等打造利于创新交流的场所。上述途径,保证了武汉市政府将优质创新资源尽可能集中配置,为创新集聚区的地理集聚与网络集聚奠定了基础。

4)强调创新资源"所用"与功能匹配的市场作用

与具有明确管辖范围的政府不同,市场没有明显边界,因此更加强调创新主体的能动性。为占据有利的市场竞争地位,创新主体竞相寻找与自身相匹配的资源,以实现创新功能的升级或拓展。他们愿意采用更加灵活的方式整合更多资源为己所用,毕竟自身的创新资源总是有限的。在武汉市以国有经济占主导的市场环境下,大型国有企业/公立科研院所等组成的核心创新主体主导着各种创新合作,通过自组织的要素调配机制,促进创新集聚区的网络集聚效应,推动创新网络载体的出现。

市场力量的作用途径同样有两条:

其一,在创新要素的共享刺激创新集聚区内部建立互动网络。手段包括:①合作关系。创新主体通过达成一个个创新合作完成创新产出,在此过程中借用对方的创新规模/功能而获益,这种正反馈作用进一步诱导新的合作关系建立。②网络管道建立。城市之间频繁、持续的合作关系固定成网络管道,极大地提升了网络合作的稳定性与信任度。③创新扩散。根据罗杰斯的创新扩散理论,社交网络是创新扩散的重要渠道,因此友好的社交环境将极大地促进人才之间的弱关联关系,提升知识溢出水平。此外,专利服务、公共资源中心等创新服务和邻近的同类型创新主体同样有益于知识的就近扩散,方便创新结网。

其二,创新主体通过自组织方式影响空间要素,提升创新集聚区的场所品质。主要途径包括:①友好性的空间品质。咖啡厅、街头公园等"第三空间"为创新人才提供了办公场地之外的交流场所,开放、活跃的社会氛围是吸引创新人才的重要内容。②适宜的城市形态。合理的街区尺度、适宜的密度等建成环境形态指标会影响创新人群的生活体验。③产业相关性。创新主体倾向于选址于相同行业机构聚集的地区,以更加接近行业知识。需要特别提出的是,这些空间要素与创新要素中的创新扩散要素是一体的,即创新集聚区内部及周边的良好社交氛围与产业氛围目的均在于知识溢出,而非空间本身。因此,后文中将不就市场的空间要素单独讨论。通过上述途径,市场环境为创新主体提供可"借用"的创新合作资源,市场流推动各种网络关系不断形成。

5)不同耦合类型集聚区的形成:两种作用的差异组合

大小存在差异的两种作用力叠加融合后塑造出不同类型的创新集聚区。较为匹配的、高强度政府作用与高强度市场作用时,往往意味着创新资源的流动与组合有序开展,促成耦合型集聚区的形成。武汉市政府的作用体现在:一是,通过有力调控空间要素提升空间品质,吸引创新人才等资源并推动社会互动;二是,大力集中创新要素,在创新集聚区内部引入大型创新节点,加强创新设施的连通度,使得创新集聚区得以较好地融入创新网络。市场作用在于,通过创新要素的强作用,直接促进创新集聚区内部形成较强的地理集聚效应与网络集聚效应。

半耦合型集聚区,由政府作用主导、市场作用辅助的合力共同推动,这种合力的强度要低于耦合型集聚区所受到的驱动力。武汉市政府首先通过空间要素的中强作用塑造了良好的物质空间,如边界明确的专业园区为生产服务提供了定制化空间。其次通过一定的创新要素引导作用,为创新主体提供资金支持,但是创新设施布局的不足制约了集聚区融入创新网络的程度。市场作用主要借助创新要素的市场化配置,直接促进创新集聚区内的地理集聚效应与网络集聚效应。由于缺乏具有足够竞争力的创新主体,较低的"借用"效果制约着本地蜂鸣的活跃度。最终集聚区的网络集聚效应虽然较强,但地理集聚效应不足,导致地理集聚与网络集聚形成半耦合的状态。

分离型集聚区,由政府支配的空间要素作用作为主导驱动力。武汉市政府通过空间要素的支配性作用将创新主体集中到特定集聚区,但相对忽视了创新要素的同步配置,导致现有创新主体缺少合作基础以及可供共享的创新设施,难以开展有效的内部合作。在这种情况下,市场作用自然引导创新主体参与非本地创新网络以补充创新资源,因而依赖于网络集聚效应。总之,政府对空间要素的大力强调以及对创新要素的忽视,抑制了创新集聚区的本地蜂鸣,变相助长了网络管道的建立,造成了地理集聚与网络集聚分离的状态。

5.6.2 实证分析

基于多值分析模型检验不同配置作用的影响力强弱,以验证上述的解释框架。核心思路是,将不同类型的集聚区视为政府与市场配置作用下微观知识创新主体的一种创新集聚决策,要素的差异化配置将影响这种决策行为。

1) 指标选取

本书第3章、第4章分别研究了影响地理集聚与网络集聚的因素,这些因素实际上也反映了政府与市场等配置机制的作用。如影响地理集聚的用地成本、产业准入、环境舒适性等要素往往由政府提供,而不同尺度的网络管道则是在创新主体互动过程中形成,更多地表征了市场环境下的主体互动过程。因此,分析地理—网络集聚耦合机制时,将上述要素综合起来,为了符合理论框架的逻辑,对第3章、第4章的相关影响因素进行了重新整理,如表5-1所示。

表5-1 不同类型集聚区形成的影响因素

作用	要素类型	要素类别	指标	影响
政府作用	空间要素	空间准入	土地成本	地理集聚效应
			上级扶持政策	地理集聚效应
	空间要素	产业准入	产业准入政策	地理集聚效应
	空间要素	场所营造	环境舒适性	地理集聚效应
			交通可达性	地理集聚效应
			社会服务邻近性	地理集聚效应
	创新要素	资金支持	上级扶持政策	地理集聚效应
	创新要素	创新设施	双创孵化邻近性	地理集聚效应

续表 5-1

作用	要素类型	要素类别	指标	影响
市场作用	创新要素	合作关系	借用功能	网络集聚效应
			借用规模	网络集聚效应
	创新要素	网络管道	管道总量	网络集聚效应
			全球管道	网络集聚效应
			国家管道	网络集聚效应
			省级管道	网络集聚效应
	综合要素	创新扩散	社交友好性	地理集聚/网络集聚效应
			创新服务邻近性	地理集聚/网络集聚效应
			产业相关性	地理集聚效应

2) 多重共线性检验

为保证回归分析结果的可靠性,对上述影响因素进行多重共线性检验。检验结果表明,各变量的方差膨胀因子(VIF)最大值为 5.96,平均值为 2.40,在可接受范围之内,说明各变量之间不存在明显的多重共线性问题。此外,各变量之间的相关系数结果显示,所有系数的绝对值仅有一处大于 0.8,说明各变量之间的独立性较好,符合模型应用的要求。

3) 回归结果分析

选取分离型集聚区作为回归参照,将上述指标代入模型,回归结果支撑了理论框架中的假设(表 5-2)。从模型 5-2 中可以看出,对于半耦合型集聚区而言,相较于分离型集聚区更具有影响力的因素有土地成本、上级扶持政策、社会服务邻近性、双创孵化邻近性、借用规模、全球管道、省级管道、创新服务邻近性八项。这说明,政府配置作用调控的场所营造(社会服务邻近性)、空间准入(土地成本、上级扶持政策)、资金支持(上级扶持政策)、创新设施(双创孵化邻近性)四条路径对半耦合型集聚区的形成存在预期中的促进作用,市场配置作用调控的网络管道(全球管道、省级管道)、合作关系(借用规模)与创新扩散(创新服务邻近性)三条路径具有明显作用。

从模型 5-3 中可以看出,相较于分离型集聚区,更能影响耦合型集聚区形成的因素有土地成本、管道总量、省级管道、环境舒适性、交通可达性、创新服务邻近性、社交友好性、社会服务邻近性、上级扶持政策九项。这说明,政府配置作用调控的场所营造(环境舒适性、交通可达性、社会服务邻近性)、空间准入(土地成本)与资金支持(上级扶持政策)三条路径对耦合型集聚区的形成具有明显作用,市场配置作用调控的网络管道(管道总量、省级管道)与创新扩散(社交友好性、创新服务邻近性)两条路径对耦合型集聚区的形成存在促进作用。

对比模型 5-2、模型 5-3 中各影响因素的系数发现,在影响耦合型集

表 5-2 不同类型创新集聚区形成的影响因素回归结果

变量		模型 5-1(基准) 分离型集聚区	模型 5-2 半耦合型集聚区	模型 5-3 耦合型集聚区
空间要素	空间准入 土地成本	—	1.631*** (0.272)	0.309 (0.271)
	空间准入 上级扶持政策	—	1.398 (1.113)	2.482** (0.903)
	产业准入 产业准入政策	—	−2.529* (1.028)	−3.716*** (0.720)
	场所营造 环境舒适性#	—	4.048** (1.215)	−1.518 (3.176)
	场所营造 交通可达性#	—	0.144 (0.210)	−1.231*** (0.275)
	场所营造 社会服务邻近性#	—	−3.484*** (0.482)	−4.436** (1.529)
创新要素	资金支持 上级扶持政策	—	1.398 (1.113)	2.482** (0.903)
	创新设施 双创孵化邻近性#	—	−0.106 (0.392)	0.700 (0.604)
	合作关系 借用功能	—	−0.004 (0.018)	−0.018 (0.010)
	合作关系 借用规模	—	0.005 (0.020)	−0.001 (0.019)
	网络管道 管道总量	—	−0.015 (0.069)	0.063 (0.048)
	网络管道 全球管道	—	0.054 (0.654)	−0.662 (0.734)
	网络管道 国家管道	—	−0.082 (0.533)	−0.237 (0.483)
	网络管道 省级管道	—	0.417 (0.863)	1.271 (0.701)
综合要素	创新扩散 社交友好性	—	−0.580*** (0.100)	0.215** (0.062)
	创新扩散 创新服务邻近性#	—	−0.383 (0.307)	−1.090* (0.497)
	创新扩散 产业相关性	—	−0.020** (0.006)	−0.018*** (0.005)
常数项		—	2.514 (2.418)	7.633* (3.888)
对数似然(log likelihood)		−182.826	—	—
拟合优度 R^2		0.774	—	—
样本量/个		99	357	374

注：*、**、*** 分别表示在 5%、1%、0.1% 水平上显著；( ) 内为稳定标准误值；"#" 表示负向指标。

聚区的要素配置因素中,上级扶持政策(系数为 2.482)、环境舒适性(系数为-1.518)、交通可达性(系数为-1.231)、社会服务邻近性(系数为-4.436)、省级管道(系数为 1.271)与创新服务邻近性(系数为-1.090)等因素的影响力更强,说明影响耦合型集聚区的五条要素配置路径均具有较强作用。考虑到这些要素所产生的集聚效应,可以认为关于耦合型集聚区受到更强政府与市场配置叠加作用的假设得到验证。

在影响半耦合型集聚区的配置要素中,土地成本(系数为 1.631)、全球管道(系数为 0.054)、社会服务邻近性(系数为-3.484)、上级扶持政策(系数为 1.398)等因素的影响更强,说明在半耦合型集聚区形成的七条路径中,网络管道、场所营造、空间准入与资金支持具有较强作用。上述结果验证了关于半耦合型集聚区拥有中高地理集聚效应、中等网络集聚效应的假设。

最后,对比模型 5-1 至模型 5-3 发现,存在部分影响因素对耦合型与半耦合型集聚区的形成缺乏明显的促进作用,也就是说这些因素更能促进分离型集聚区的形成。这些因素有产业准入政策、借用功能、国家管道、产业相关性等。特别是土地成本对耦合型与半耦合型集聚区都具有负向作用,即土地成本越高越有利于集聚区形成,在分离型集聚区中,土地成本的负向作用要小得多。由此可以得出,政府配置作用对空间准入与产业准入的调控显著影响了分离型集聚区的形成,而市场配置作用对合作关系与网络管道的调控具有促进作用。根据回归系数的对比,产业准入政策的影响力更强,可以确定政府配置作用具有更强的影响力。综合这些结果,验证了解释框架中关于分离型集聚区具有较低集聚效应的假设,以及受到政府对于产业准入的较强干预作用而表现出的地理空间集中,但地理集聚效应不足的观点。

图 5-12 的可视化图表明了武汉市政府与市场作用对创新集聚区的作用途径,而这种作用叠加下的不均衡集聚效应最终塑造出了不同类型的集聚区。

4) 结论的普适性讨论

为确定理论框架的普适性,在此讨论了上述结果与既有研究的关系。本书针对武汉市创新活动的研究在某种程度上反映了城市创新集聚的共性,因此研究结论具备一定的普适性,但理论框架的解释力仍有必要通过更多的案例研究予以验证。现有研究主要集中于创新活动的微观地理集聚(李凌月等,2019;陈嘉平等,2018;陈小兰等,2021;王纪武等,2021),对创新网络中集聚行为的关注不足,同时从地理集聚与网络集聚的角度研究创新活动的文献尚不多见。其中,以杭州市为样本进行城市内部创新合作网络研究(Liu et al.,2019;王纪武等,2021),发现城市内部的创新网络节点存在明显的地理集聚现象,高校是其中的核心,不过该研究没有探讨网络节点的非本地联系。与本书研究结果对比可以发现,城市内部的创新合作联系存在空间异质性,即城市内部的地理集聚程度存在不同类型。

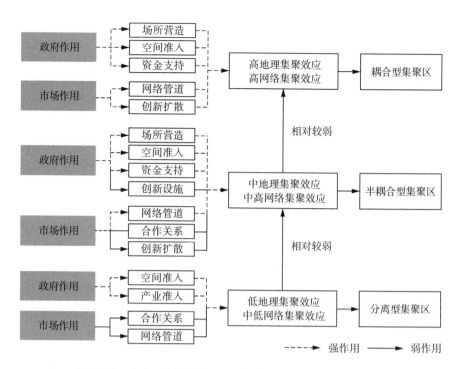

图 5-12 政府—市场作用下不同耦合类型集聚区形成的机制

此外,曹湛等(Cao et al.,2022)探讨了我国城市的城市群内外部创新联系的耦合情况,依据联系强度将城市划分为孤立型、外向型、内向型与网络型。虽然存在研究尺度与分类方法上的差异,但是曹湛等人的研究结果在一定程度上支持了本书的研究结论。首先,该文说明了创新活动的地理集聚与网络集聚存在不同的耦合形式,与本书针对武汉市的观点吻合;其次,该研究也说明内外创新联系的耦合程度越高,越有利于创新效率的提升,如北京、上海、南京等创新效率较高的城市均属于耦合度更高的网络型城市,这一点也与本书关于耦合型集聚区拥有更高创新产出的结论相一致;最后,该文强调中国政府在创新网络塑造中的差异化作用,这与本书关于政府作用与市场作用的差异导致不同类型集聚区出现的思路具有一致性,正是由于在微观层面的耦合类型多样化,最终导致宏观层面创新集聚的不同类型。总之,就类似研究而言,本书研究结论具有一定的普遍性。

5) 实证案例选取

由于集聚区的数量较多,难以逐一分析讨论,因此从每类集聚区中选取一个代表案例,试讨论其形成的机制,以验证所提出解释框架的解释性。案例挑选原则上兼顾空间位置、产业类型与创新主体类型上的不同,以增强案例的代表性。最终,选择环同济医学院集聚区、沌口集聚区与高新二路集聚区作为案例,表 5-3 显示了三个集聚区的对比。

表 5-3 集聚区空间优化案例选取

名称	环同济医学院集聚区	沌口集聚区	高新二路集聚区
集聚区类型	耦合型	半耦合型	分离型
空间位置	汉口	汉阳	武昌
产业类型	大健康产业	汽车产业	光电信息产业
创新主体	高等院校、医院	企业	企业

5.6.3 耦合型集聚区形成机制的案例分析：以环同济医学院集聚区为例

1) 环同济医学院集聚区的创新发展现状特征

环同济医学院集聚区横跨武汉市硚口区与江汉区，是一个以健康服务为主要功能的创新集聚区（图 5-13）。集聚区范围约为 7.23 km^2，共包括各类创新主体 31 个，其中网络节点有 19 个。区内的核心主体包括华中科技大学同济医学院、同济医院、协和医院等，沿解放大道与武胜路的十字形交通干道集聚了众多的各类医院与医疗机构，形成了一个以生物医药教学、研发、实践、服务于一体的综合性医疗服务区。华中科技大学同济医学院是我国著名医学院之一，所附属的同济医院、协和医院是我国排名前列的大型医院。《2020 年度全国医院综合排行榜》显示，这两家医院均位居全国前十位。两家重量级机构作为该区域的核心，整合了周围其他医疗机构的资源，组建了一个内部知识交流活跃、全球连接紧密的耦合型集聚区。

从用地布局角度来看，该集聚区以公共管理与公共服务用地、居住用地为主，公共服务配套设施齐全。该集聚区处于老城区之中，是以生活为重心的功能板块，用地类型主要包括居住用地、商业服务业设施用地、公共管理与公共服务用地等，用地多样性较强。集聚区并非武汉市政府规划管

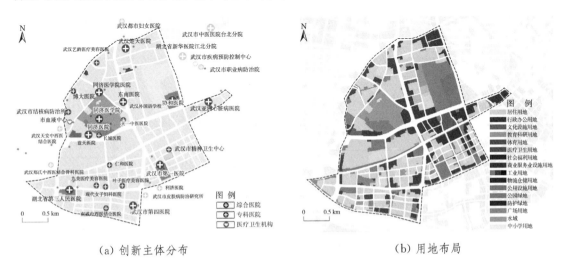

(a) 创新主体分布　　　　　　　(b) 用地布局

图 5-13 环同济医学院集聚区的创新发展状况

控的重要工业生产板块,内部缺少工业用地,因此与工业产业相关的功能是缺失的。这说明该集聚区受到政府对产业发展、创新集聚的政策引导力不强。

2) 地理—网络集聚耦合特征总结

从本章前几节的分析中可以看出,环同济医院集聚区的地理集聚与网络集聚形成了良好的耦合关系,表现出本地蜂鸣—全球管道叠加的组织模式。下面从内外部网络联系、耦合特征以及最终的创新结果三个方面进行总结:

其一,该集聚区内部形成了38条网络管道,总的关联强度达到881。在集聚区内部网络的"多中心网络化"结构中,以华中科技大学同济医学院、同济医院、协和医院三角结构为核心。在外部,形成了以国家与城市两个尺度关联为主的密致化的网络。

其二,其地理—网络集聚耦合特征为,拥有全国性影响力的核心公立创新机构,提供了集聚耦合所需的核心主体;主体类型的多样性高,知识生产的链条完整;网络联系数量多,对外联系密切,知识吸收能力强。

其三,这种高水平耦合推动了该集聚区良好的创新产出。据统计,在研究时间段中,区内共产出20 227篇论文,平均每个创新主体产出多达650余篇,平均产出位居所有集聚区的首位。

3) 形成机制解析

环同济医学院集聚区,在武汉市、区两级政府的强要素引导作用、与大健康市场强要素引导作用的共同作用下形成耦合型集聚区(图5-14)。

对于政府作用而言,武汉市、区两级政府通过较强的要素引导作用将环同济医学院集聚区打造为适宜创新活动开展、具备成熟城市物质环境的城市空间。具体包括三条途径:其一,通过场所营造类空间要素的调控,建立具有高可达性的环境、交通与社会服务空间,营造出符合创新需求的场所。譬如,硚口区政府联合武汉市政府投入了大量的公共服务设施建设,在环同济医学院集聚区周边兴建了4条地铁线路、10座地铁站,公共出行极为快捷。其二,通过空间准入类空间要素的调控,武汉市政府将其工业

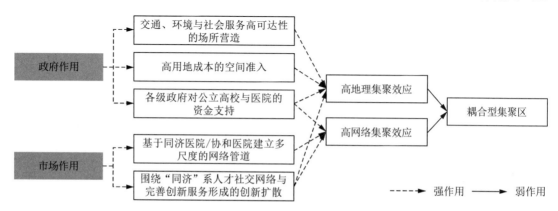

图5-14 环同济集聚区形成耦合型集聚区的机制

用地价格定为第二高的级别,较高的土地出让价格起到了门槛作用,过滤了低效的创新机构,进入环同济医学院集聚区的均是具有较强竞争力的机构,提升了市场竞争水平。其三,通过创新资金类创新要素的调控,武汉市、区两级政府投入大量的创新资金来支持同济医学院及其附属机构等公立机构的运行,以促进更多的创新活动。例如,硚口区政府与华中科技大学同济医学院签订合作协议,设立"硚口创新奖学金""健康产业创新创业基金"资助创新活动。

对于市场作用而言,经创新要素的强力推动,为创新主体的互动提供了知识溢出的环境。具体途径包括:其一,基于同济医院、协和医院等大型创新主体在市场中的资源整合能力,建立省级—国家—全球的多层级网络管道引导要素,在本地知识与全球知识之间搭建桥梁,使得集聚区内其他主体拥有"借用"创新规模的机会。其二,围绕着"同济"系人才网络与大健康产业创新相关服务的创新扩散引导要素,加速了集聚区内外的知识流动,使得集聚区内部保持了较高的本地蜂鸣。譬如,同济医学院通过托管、附属、控股、合作等方式发展了自身的创新生态;在环同济医学院集聚区内,存在同济医学院控股的武汉长诚医院、附属的武汉普爱医院,以及武汉市精神卫生中心与武汉市第一医院等,他们之间的互动构成了集聚区内本地蜂鸣的主要内容。

同时保持较高力度的政府作用与市场作用,确保环同济医学院集聚区实现围绕同济医学院的大健康产业创新资源的地理集中,并进一步诱导形成了良好的地理—网络集聚耦合效应,成为耦合型集聚区。

5.6.4 半耦合型集聚区形成机制的案例分析:以沌口集聚区为例

1)沌口集聚区的现状特征

沌口集聚区位于武汉市经开区的核心位置,是一个以汽车研发制造为主要功能的创新集聚区。集聚区范围约为 95.81 km²,包括各类创新主体 80 个,其中网络节点有 39 个,形成了功能多样、沿路集中的集聚格局。该集聚区以东风汽车集团有限公司为中心,集合总部管理、技术研发、整车制造、零部件配套等综合功能,集中了数十家东风旗下的相关公司与机构,包括企业总部、整车制造、零部件加工、研发部门、培训机构、仓储物流等,还有与之密切关联的基础设施,如货运码头、新能源汽车基地,这些创新主体基本全部位于武汉经开区之内,集中在东风大道两侧(图 5-15)。东风汽车集团有限公司(简称"东风公司")是集聚区中的绝对创新核心。该公司为一家中央直管的特大型汽车企业,经营规模位居中国汽车行业前列;2019 年营业收入为 5 806.45 亿元,位居 2020 年世界 500 强第 100 位、中国企业 500 强第 25 位、中国制造业 500 强第 7 位。根据 2019 年欧盟产业研发投入记分牌(The 2019 EU Industrial R&D Investment Scoreboard)统计,东风公司全年研发投入 6.06 亿欧元,位居全球汽车产业第 37 位,中

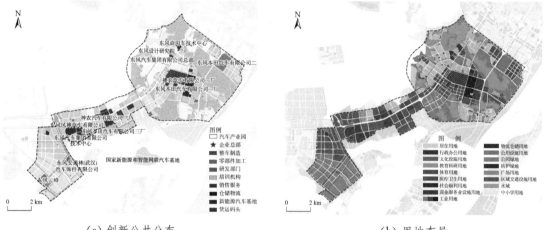

(a) 创新公共分布　　　　　　　　　　　　(b) 用地布局

图 5-15　沌口集聚区的创新发展状况

国汽车产业第 4 位。该公司组建了"1+1+N"的全球汽车技术创新体系结构,是以东风汽车集团有限公司技术中心和东风商用车技术中心为核心研发主体,以自主与合资为两个扇面的复合、开放的创新体系。

从规划用地布局来看,沌口集聚区属于典型的产业园区,用地类型的多样性较低(图 5-15)。各类产业用地占比较大,各项生活配套营地占比少、分布集中,居住配套功能不足。作为武汉经开区的重要部分,集聚区拥有明确的准入制度,只有符合要求的企业类型才能入驻,体现出较强的政府空间管控作用。

2) 地理—网络集聚耦合特征总结

沌口集聚区地理网络集聚的耦合程度不高,表现出中频本地蜂鸣、中等密度全球管道的组织模式。下面从内外部网络联系、耦合特征以及最终的创新产出三个方面进行总结:

其一,该集聚区中仅有 7 条内部管道,总的关联强度只有 16。在集聚区内部创新网络的"点轴"结构中,以东风汽车集团有限公司技术中心和东风商用车技术中心的双中心结构为核心展开。在外部,仅与国家与城市两个尺度的空间建立稳定的网络管道,其中重要的为"东风—北京"管道、"东风—十堰"管道。其二,耦合特征包括,以国企研发部门(东风汽车集团有限公司技术研究中心)作为主要创新主体,知识创造的创新能级不足,集聚核心的吸引力有限;主体类型的多样性不高,知识生产的链条不完整;网络联系的数量有限,对外联系的密切度中等,知识吸收能力有限。其三,这种低水平耦合,使得该集聚区的创新产出水平要低于耦合型集聚区。据统计,在研究时间段中,区内共产出 835 篇论文,平均每个创新主体产出 10 余篇科技论文,低于耦合型集聚区的平均创新产出水平。

3) 形成机制解析

沌口集聚区是在武汉市、区两级政府的较强要素引导作用占主导、汽车市场要素引导作用配合下形成的半耦合型集聚区(图 5-16)。对于政府

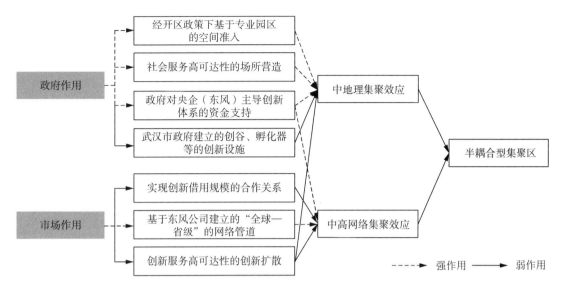

图 5-16 沌口集聚区形成半耦合型集聚区的机制

作用而言,武汉市以及武汉经开区两级政府通过较强的引导要素作用将沌口集聚区打造为适宜汽车制造但物质环境相对欠缺的城市空间。

其一,通过场所营造类空间要素的调控,建立具有高可达性的社会服务环境。但是相较于主城区而言,武汉市政府更多地将沌口集聚区视为一个"产业空间",对社会事务与公共服务的投入严重不足,导致明显的职住分离现象;园区目前尚未完全通地铁,现有生活空间品质难以满足创新人群的要求。

其二,通过空间准入类空间要素的调控,建立东风公司主要的产业空间。武汉经开区成立"汽车＋"产业发展领导小组来保障汽车产业的配套,设置了先进制造产业区、汽车及零部件产业园两个汽车专业园区,为东风公司及其附属企业提供了大量用地。此外,武汉市政府将其工业用地价格设置为3—5级,较低的土地出让价格降低了企业经营生产的成本,有利于经开区集聚汽车制造与零部件厂家。通过图 5-15 可以看出,沌口集聚区内集中了大量的汽车产业链企业。

其三,通过创新资金类创新要素的调控,武汉市、区两级政府投入一定的创新资金来支持沌口集聚区的企业,以促进更多创新活动的开展。通过提供科技计划、授予创新平台、成立产业投资基金等方式向汽车产业投放创新资金,譬如武汉市挂牌国家新能源和智能网联汽车基地,出台多项新能源汽车扶持政策,如 2014 年推出的《武汉市人民政府关于鼓励新能源汽车推广应用示范若干政策的通知》,东风公司新能源项目均有所收益。但是相关政策尚处于初步施行阶段,具体效果有待观察。

其四,通过创新设施类创新要素的调控,武汉市、区两级政府开始加强对沌口集聚区内部创新平台的搭建。集聚区所在开发区近年来开始兴建各类创新设施,如《武汉经济技术开发区(汉南区)促进创新创业创造办法》

对孵化平台、科研机构等多种创新主体给予了奖励政策,但是这些政策还没有充分发挥作用。譬如,已建成的南太子湖创谷虽然入驻了不少初创企业,但是真正成长起来的企业还不多见,聚焦于硬科技领域的团队较少,知识创新孵化效应不够显著。

对于市场作用而言,主要通过创新要素的引导为创新主体充分互动、介入创新网络提供有利环境。具体途径包括:其一,基于东风公司这一跨国公司在市场中的资源整合能力建立的"全球—省级"网络管道,为本地产业链企业参与创新网络、获取网络外部性提供机遇。其二,通过具体的创新合作关系实现创新功能与创新规模的借用,获取网络外部性;由于创新合作关系的不足,这种引导作用较弱。其三,创新扩散这一创新要素的作用在一定程度上带动了集聚区内部的本地蜂鸣,高可达性创新服务为企业分享技术、知识提供了平台。但是,东风公司的创新资源整合局限于集团内部,知识流动也多发生在集团所属的研发机构之间,与其他邻近机构缺乏合作,导致本地蜂鸣活跃度不足。此外,社交场所的不足抑制了汽车创新人才之间的交流,致使区内没能形成利于创新互动的社会氛围。

总而言之,在政府作用为主导、市场作用配合的综合作用下,在沌口集聚区内部形成了以生产为主的功能布局。但是,创新功能发育不足,致使以东风公司为首的创新主体更多地参与区域创新网络,建立较高的网络集聚效应;而地理集聚效应相对水平不足,两种集聚效应呈现出半耦合的状态。

5.6.5 分离型集聚区形成机制的案例分析:以高新二路集聚区为例

1) 高新二路集聚区的现状简介

高新二路集聚区位于武汉市东湖高新区的光电子产业园中,是一个以光电子信息与软件服务为主要功能的创新集聚区。集聚区范围约为 11.61 km^2,共包括各类创新主体 68 个,其中网络节点有 37 个。区内形成了以关山大道与高新二路为十字形骨架的集聚格局。以中地数码科技有限公司、高德红外股份有限公司等光电信息企业,丽益医药科技有限公司、华扬动物保健集团等大健康企业组合引领,集合信息服务、光电子、生物健康等行业的众多公司(图 5-17)。集聚区内还有多所高等院校,如武汉纺织大学、武汉职业技术学院等,但是校企关联不足,较少参与创新网络之中。

从规划用地布局来看(图 5-17),高新二路集聚区属于产业园区与城区的交界地带,用地类型的多样性尚可。产业用地占比与居住用地占比大致相当,新建的武汉东站也选址于此,未来交通区位将得到极大改善。作为东湖高新区的子园区之一,集聚区所处的光电子产业园拥有明确的准入制度,企业入驻类型同样受到较多的规划管控约束。从前文关于该集聚区创新主体类型多样性分析的结果来看,用地类型的多样性并没有转化为主

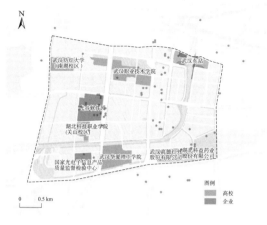
(a) 创新主体分布

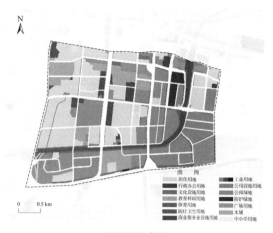
(b) 用地布局

图 5-17 高新二路集聚区的创新发展状况

体类型的多样性,显然是受到了规划准入制度的影响。集聚区内并没有未开发用地,未来的升级将依托用地的腾退与更新。

2) 地理—网络集聚耦合特征总结

高新二路集聚区地理集聚与网络集聚之间的耦合关系水平较低,表现出低频本地蜂鸣、稀疏全球管道的组织模式。下面从内外部网络联系、耦合特征以及最终的创新产出三个方面进行总结:

其一,该集聚区没有内部网络管道,说明内部创新主体之间的知识流动与共享的水平极低。本地蜂鸣的不足与集聚区内缺少足够能级创新主体的问题相对应。集聚区内部网络呈现"散点"结构,欠缺集聚核心。外部网络管道的数量也严重不足,与国家、城市两个尺度空间建立的网络管道支撑较弱,稳定性不强。其二,耦合特征包括:拥有核心创新机构的创新能级严重不足,集聚核心的吸引力较弱;主体类型的多样性不高,知识生产的链条破碎;网络联系数量不足,对外联系的紧密程度较低,知识吸收能力较弱。其三,这种不耦合的集聚发展使得该集聚区的知识创新产出水平比半耦合型集聚区还低。在研究时间段中,区内共产出 246 篇论文,平均每个创新主体产出不足 4 篇科技论文,平均产出位居所有集聚区的末尾。

3) 形成机制解析

高新二路集聚区是在缺少较强市场作用以及武汉市、区两级政府调控的空间要素起到支配作用的条件下形成的分离型集聚区(图 5-18)。对于政府作用而言,武汉市与东湖高新区两级政府通过较强的空间要素作用将高新二路集聚区打造为光电信息产业发展的专门产业空间。这个空间欠缺促进了创新活动的场所营造,对于创新功能的引导不足。具体包括两条途径:其一,通过较低用地成本的空间要素吸引企业落户,打造适宜经营的产业空间。武汉市政府将高新二路集聚区的工业用地设置为第 4—6 级,属于较低的价格级别,廉价的用地成本得以吸引更多的相关生产企业落户。其二,通过明确产业准入的空间要素,将入驻企业的产业类型限定为光电

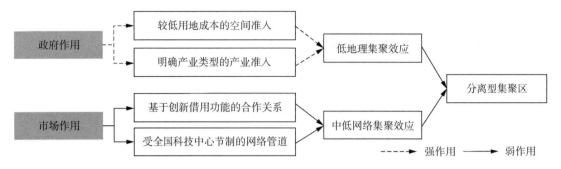

图 5-18　高新二路集聚区形成分离型集聚区的机制

信息类,增强产业空间的专业化程度。根据武汉市东湖高新区的政策,高新二路集聚区所在的光电子产业园区制定了清晰的产业项目准入标准,只允许光电子信息、新能源环保、高端装备制造、现代服务业等产业入驻。这种通过较强空间干预形成的同产业企业的地理集中,在缺少满足创新需求的场所以及高校/科研院所等公立机构创新功能的引导情况下,集聚区内部成员间的互动程度较低,导致了较低的地理集聚效应。

集聚区受到市场作用的强度要低于政府作用,这种作用主要经过创新要素的推动,为创新主体的创新互动提供知识溢出环境。具体途径包括:其一,集聚区内的创新主体通过合作成功实现创新的借用功能,带动产生较高的网络集聚效应。其二,在缺少大型创新主体的情况下,建立了受全国创新中心节制的网络管道。这一点与创新主体的创新借用功能作用更加显著相对应,说明集聚区内部缺少高层级的创新功能,需要依附于外部创新核心来参与创新活动。例如,集聚区内部的国家信息光电子创新中心虽然属于国家级平台,但是实际由若干行业的顶尖企业合资入股建立,尚缺乏足够的自主创新能力。受场所营造功能不足的连带影响,集聚区内的创新氛围不浓,制约了知识创新的本地扩散,这又进一步抑制了地理集聚效应的产生。

总之,在政府的空间要素支配性作用与较弱的市场作用配合下,高新二路集聚区内部具有"集而不群"的特征,加之缺少大型创新主体带动,最终产生了中低程度的网络集聚效应以及极低的地理集聚效应,地理—网络集聚出现分离状态,成为分离型集聚区。

6 城市创新空间的优化策略

6.1 创新空间布局的问题与趋势

6.1.1 创新空间布局的现状

自建设创新型城市以来,武汉市通过一系列的政策引导与空间实践打造出以三大国家级产业园区为主,融合了校区、园区、街区等空间类型的知识创新活动承载空间布局。

1) 创新园区:创新城区+产业园区+产业基地

武汉市的园区型创新空间具有三个层次:第一个层次是创新城区,主要包括东湖科学城。创新城区建设突出产城融合、创新氛围与重大科技设施布局,空间分布上也从三环线向外延伸。第二个层次是由各级政府成立的开发区,包括3个国家级开发区、3个保税区、12个省级开发区以及相关重点产业园区。这些开发区主要分布在三环线外,占地面积大、容纳企业多,属于以企业集聚为主的产业空间。第三个层次为国家级产业基地。这些基地瞄准发展战略新兴产业的目标,处于创新培育阶段,一般位于开发区之内、靠近城市建成区边缘。

2) 创新校区:知名高校+旗舰研究机构+新校区

武汉市的校区型创新空间分为三类:高校、研究机构与新校区。其中,高校主要集中在洪山区,包括华中科技大学、武汉大学等知名高校,以教学科研为主,由于设立较早,因此往往位于建成区之内。研究机构主要以技术研发与知识创新为主,分布范围较为分散。新校区一般设置于新建园区,更加注重科研功能。

3) 创新街区:创谷+双创空间+人才公寓

武汉市通过多种方式激活街区创新活力,发展街区型创新空间。其中,"创谷"集中了众创空间、大学生创业特区、孵化器、加速器等多种创新载体,与武汉市重点产业对接,形成功能闭环的"1 km创新圈"。推出创新街区规划,全市域开展创新街区建设。为了保障创新人才的居住环境,建立了人才公寓租赁机制,通过政府租赁、政企合作等方式提供多样化住房,如长江青年城、光谷生物城人才公寓。这些社区既满足了创新人才的居住需求,也改善了社区的创新氛围。

4) 区域创新平台:科创走廊+都市圈

武汉市积极开展区域创新合作,谋划在近域地区打造联系密切、要素高度集聚的区域创新共同体。一方面,明确了武汉都市圈边界,聚焦于武汉市的实际辐射范围,从而充分发挥武汉市的创新引领作用,带动都市圈的高质量发展。另一方面,在湖北省政府的支持下建设光谷科创大走廊,联合黄冈、黄石、鄂州等鄂东城市,以东湖科学城为核心建立武汉都市圈的创新共同体。

5) 全球创新网络节点:区域集群+专业核心

武汉市正作为迅速崛起的区域性知识集群在全球网络中发挥作用。在世界知识产权组织(WIPO)的《2022年全球创新指数报告》中,武汉市是全球第25位的创新集群,是东亚地区重要的区域创新集群之一。武汉市在国际生物技术领域的创新网络中也处于核心位置,重要程度甚至超过伦敦、纽约等大都市。

6.1.2 创新空间布局的问题

1) 欠缺清晰的空间布局,创新资源空间配置引导性不足

从地理集聚角度来看,武汉市已经形成了若干的创新集聚区,但创新资源空间配置的匹配性还有待提升。目前,武汉市在各专业产业园区的建设中,忽略了城市创新资源配置的科技创新中心与微观创新单元的规划,缺乏具有资源配置功能的科创中心,以及引导创新要素合理布局的清晰空间层级体系。

同时,对于创新资源的配置引导性不足,集聚区的创新链条缺乏整合。武汉市的产业发展聚焦于生产环节,研发、中试等环节的资源投入不足,产业链、创新链、孵化链与资金链等价值链条之间没能有效衔接,导致很多园区难以聚集创新要素,无法发挥创新集聚效应。

2) 创新基础服务配套优势不明显,人才吸引力偏弱

创新场景是吸引创新人才的重要手段,但围绕创新集聚区的服务配套与场景营造仍然存在短板。从地理集聚影响因素的分析结果来看,轨道交通线网的覆盖范围不足、中小学等设施可达性不足是目前建成环境方面的明显短板。这既不利于吸引大学生等创新群体的落户,也影响高层次创新人才的招揽。以东湖高新区为例,2019年拥有常住人口204万人,其中35岁以下人口占70%,对子女教育、通勤、休闲等服务具有旺盛的需求。

此外,科技基础设施、产业创新设施与科技公共服务设施等创新基础设施的布局不足。未来,武汉市应该加紧完善创新基础设施,发挥重要设施的区域辐射作用,巩固城市创新基础实力。

3) 区域网络管道支撑不足,配置平台体系不完善

武汉市的创新网络集聚潜力尚未充分挖掘,表现在与武汉都市圈周边城市的创新联系强度不足,区域创新共同体尚未建立。研究表明,武汉市与都市圈内部的黄冈、鄂州等城市之间创新网络联系的强度较低,周边城

市极少能从武汉市获取创新借用,制约了网络集聚效应的发挥。这与武汉都市圈周边城市的创新基础较弱,难以与武汉市建立密切的创新资源交换系统有关。典型的问题是,武汉市较少开展创新资源的区域化配置,在城市圈内部缺少创新飞地。此外,武汉市在更大尺度上的网络管道也存在口径窄、强度低等问题,直接导致武汉难以及时掌握全球创新前沿,升级创新功能的难度较大。

4)耦合型集聚区的集聚效应好,但区域带动性不强

耦合型集聚区中存在高度耦合的地理—网络集聚效应,创新发展态势良好。这类集聚区的问题是对周边区域的带动能力没有得到很好体现,具体可从三个方面来讲:一是,集聚规模有限,知识创新对周边的溢出与带动不明显。这点从耦合集聚区的空间规模上可以看出。二是,集聚区内部产研转化的衔接较差,知识生产功能较强,但知识的孵化与应用滞后,创新链与孵化链、产业链之间的衔接不强。如环同济集聚区中缺少足够的知识孵化与产业转化空间,难以充分挖掘同济医院、协和医院所掌握的知识创新资源的价值。三是,获得的政府支持力度不足,创新基础设施配置不够完善,制约了自身辐射力的提升。

5)半耦合型集聚区的耦合程度待提升,内部互动性不足

在半耦合型集聚区中,地理—网络集聚效应的耦合度不高,突出问题是内部空间的互动程度不足,具体包括:一是,主体类型的多样性不足,地理—网络集聚耦合的基础不牢。相较于耦合型集聚区,半耦合型集聚区的主体类型多样性程度要低,不利于完整知识链条的建立。二是,本地蜂鸣的频率较低,知识共享与流动处于中低水平,缺少利于主体互动的知识创新场所。如沌口集聚区中科技创新与产业创新的平台较为匮乏,汽车技术研发的开放性不足,协同创新的空间基础薄弱。三是,外部关联数量不足,制约了网络集聚效应的壮大。

6)分离型集聚区缺乏核心节点,知识创新的集聚性不高

在分离型集聚区中,地理—网络集聚效应的耦合度较低,突出问题是内部创新氛围不足、支柱机构欠缺,具体包括:一是,欠缺核心节点,难以有力整合内部知识创新合作。这点可从耦合集聚区中主要网络节点的创新能级看出,三个分离型集聚区中主要节点的创新能级普遍不足耦合型集聚区主要节点的1/10。二是,本地蜂鸣不足,虽然占据了地理邻近的优势,但是缺乏合作基础,难以开展以科技论文为代表的正式合作,制约了知识创新集聚效应的形成。三是,外部网络管道数量不足,无法提供必要的新知识,因此借助网络集聚效应提升创新效率的潜力有限。

6.1.3 创新空间的发展趋势

1)在城市发展中的地位基础化、普遍化

随着经济产业的转型发展,我国迎来了对创新原动力的迫切需求,使

得原始创新、知识创新在城市发展中的地位不断上升。这种提升显著体现在两个方面：一是，支撑创新活动的各类设施被纳入新基建，成为城市发展所需的新型基础设施之一。《2020年国务院政府工作报告》提出要支持"两新一重"建设，掀起了创新基础设施建设的热潮。创新基础设施已经成为城市建设中的一项基本内容，科技大装置、科技基础设施、产业创新基础设施与重大创新平台等成为主要设施类型。二是，创新活动逐渐走向城市发展的中心位置。大城市普遍面临发展模式转型问题，科技创新是支撑城市高质量发展的关键，建立强大的创新策源成为众多城市的共识。各地纷纷提出区域科技创新中心战略，创新空间的建设成为一种普遍行动。地位的提升势必影响创新空间活动承载空间的城市用地配额，使得研究创新活动的集聚规律显得十分必要。

2) 合作关系的紧密化、集群化

创新活动的兴盛离不开全球创新合作与知识流动的紧密联系。据世界知识产权组织（WIPO）《2019世界知识产权报告》统计，21世纪初期，全球所发表的科技论文中超过六成是由科研工作者合作完成的，全球所申报的专利中超过一半由申请人合作产生。而到2015年以后，这两项比例分别升至近九成与七成。其中，2017年跨国科学合作成果数量达到26%。这些数据充分表明，合作研发正在成为创新活动中的常态，跨国合作也变得越来越重要。更多的合作催生了大量的创新活动，这些活动在地理上向大城市集中，形塑出各色创新集群。这种集群在网络空间之中快速成长，已经成为创新活动又一重要的组织形式。

3) 参与主体的融合化、协同化

全球创新竞争的升温迫使创新主体向着更加集团化的方向重构，表现出主体类型融合化、主体行动协同化的特征。在单兵作战难以适应激烈竞争的情形下，融合发展成为必然选择。我国最近几年出现的若干新研究平台如表6-1所示。这些机构作为独立法人机构运作，尽管各自的职能略有不同，但科技与基础研究都是重要内容之一。他们都采用多元化的投资方式，由企业、科研院所、高校等创新主体联合组建，因此很难界定其所属类型。这种融合促使机构间在技术研发频率、科技研发方向、资金投入、人才团队组建等方面加大协同，势必推动创新主体间研发的深度协同，从而协同攻关重大科学问题。

表6-1 新型研究机构的职能与组成

类型	职能	组建形式
新型研发机构	科学研究、技术创新、研发服务	多元化投资主体
国家技术创新中心	科学到技术的转化	多元化资金投入
国家产业创新中心	战略性领域颠覆性技术创新	支持高校、科研院所技术入股
国家制造业创新中心	前沿共性技术研发、扩散	"公司+联盟"

6.1.4 创新活动的空间需求

1) 空间布局的区域化、柔性化

创新空间成为城市新一轮发展中的重点开发空间,其布局呈现出区域化与柔性化的特征。其一,区域层面的创新合作不再囿于传统的地理空间整合,转向建立空间柔性、边界模糊的创新共同体。这种共同体通常被描述为创新走廊。表6-2汇总了各个尺度上创新走廊的实践案例,可以发现城市内部的创新走廊仍然存在明确的空间边界,但是跨市创新走廊已经没有明确的边界了,也就不存在具体的空间规模。这种创新驱动的区域一体化过程依赖于柔性合作关系,常见的有"园中园""创新飞地"等合作模式。其二,新建的科学城、科技城等创新空间开始向城市中心城区边界蔓延,推动创新的多中心布局。这既与中心城区发展空间不足有关,也与创新更倾向于优美风光的地区有关。譬如,东莞松山湖科学城围绕着松山湖展开,该区域是东莞市风景最佳的地区之一,吸引了华为技术有限公司总部、中国散裂中子源科学大装置等大型创新机构,成为支撑东莞市建设全国先进制造之都的源动力。

表6-2 近年来我国主要创新空间实践案例汇总

空间形态	名称	尺度	规模/km²	边界
创新走廊	广深科技创新走廊	跨省市	—	柔性
	G60科创走廊	跨省市	—	柔性
	光谷科创大走廊	省域跨城市	—	柔性
	宁波甬江科创大走廊	城市内部	136.00	硬性
	杭州城西科创大走廊	城市内部	224.00	硬性
	温州环大罗山科创走廊	城市内部	230.50	硬性
	环巢湖科创走廊	城市内部	2 127.00	硬性
创新功能区	佛山三龙湾高端创新集聚区	中心城区边缘(外)	130.00	硬性
	北京未来科学城	中心城区边缘(外)	170.60	硬性
	大连英歌石科学城	中心城区边缘(内)	44.00	硬性
	深圳光明科学城	中心城区之外	99.00	硬性
	东莞松山湖科学城	中心城区之外	90.52	硬性
	北京怀柔科学城	中心城区之外	100.90	硬性

2) 空间体系的层级化、集中化

支持创新活动的创新承载空间愈发体系化、系统化。在空间塑造上强调创新资源的集中、核心创新机构的汇聚,分化出功能等级不同的创新区块,层级化结构开始浮现。以深圳市为例,该市国土空间总体规划公示稿提出了"综合性创新核心区—创新集中承载区—创新集聚区"的创新空间体系。其中,综合性创新核心区聚焦于原始创新、科技创新与服务创新,是发挥全球创新影响的城市创新中枢;创新集中承载区是实现深圳市创新使命,由若干密切配合的创新集聚区组合而成的功能板块;创新集聚区是城市中最小的集聚单元,这些单元往往聚集单个产业的创新主体,在空间上形成高密度的创新组团。类似地,上海市也构建了"张江综合性国家科学中心—创新功能集聚区—产业社区"的创新空间体系结构。这些探索表明,创新空间的营建已经下沉至微观尺度。

3) 功能配置的集群化、平台化

与多层级的创新空间体系相匹配,创新空间的功能配置倡导集群化、平台化的组织方式,在创新集聚区层面表现得最为明显。仍以深圳市为例,其光明科学城内部规划了多个创新集聚区,用于承载特色知识创新功能。第一个创新集聚区为大科学装置集群,布局世界级大科学装置与衍生配套空间。以科学大装置为创新平台,形成前沿技术研发的科研集群,汇聚优质资源,打造创新策源地高峰。第二个创新集聚区为科教融合集群,布局大科学装置和高等院校,是集聚知识创新主体,发挥科技研发与高等教育的融合效应,为大装置启动制造条件。第三个创新集聚区为科技创新集群,是各类科研机构、高水平实验室、创新孵化平台等创新基础设施布局的主要空间。通过平台化运作方式,塑造科技孵化与技术孕育的功能,成为催生科技集群的重要场所。

4) 空间用途的多元化、弹性化

创新活动既涉及知识创造、流动与辅助等环节,又兼有多种创新主体的参与,是一项参与类型多样、形式动态变化的活动。反映到用地上,就要求用地类型具有更强的多元性、包容性,用地供给也要富有弹性。以西安丝路科学城为例,该科学城的空间布局基于创新链条展开,每个组团之中配置了商业、科研、制造、居住、绿地等多样性用地,为创新活动提供了足够的支撑。

在国土空间规划改革之中,国土空间用途管控针对创新活动的多样性需求,从增强用地兼容性与增加新的用地类型方面进行了响应。一方面,自2010年左右开始的新型工业用地(M0)政策再次引发各地跟进,杭州、东莞等多地出台了详细的管理规定,为创新创业活动的空间需求提供了有力支撑。创新型用地一般可进行分割转让,拥有弹性出让年期,更好地满足了创新活动的需求。另一方面,天津、成都等城市也更新了规划用地兼容性的规定,旨在加强城市建设用地的多样性,也为创新活动的发展提供了用地支撑。

6.2 创新集聚区空间优化的策略框架

6.2.1 引导要素与创新集聚区创新产出的相关性分析

关于不同耦合类型集聚区形成机制的研究,揭示了不同引导要素对集聚区的作用差异。可以推测,引导要素对创新集聚区创新产出的影响也具有差异性。故采用空间/创新要素作为解释变量来分析这一影响。

1) 多元回归模型

线性回归是检测因素间相关性的重要工具,采用多元回归模型来分析空间/创新要素对创新集聚区创新产出的影响,计算公式如下:

$$Y = \beta_n Z_n + \_cons + \varepsilon \tag{6-1}$$

式中:Y 为某集聚区的创新主体创新产出。β_n 表示第 n 项影响因素的回归系数。Z_n 表示各类影响因素,包括空间准入类、产业准入类、场所营造类、资金支持类、创新设施类、合作关系类、网络管道类、创新扩散类等要素。$\_cons$ 为方程中的常数。ε 为误差项。

2) 回归结果分析

将相关变量代入回归模型,分析结果表明空间与创新要素在不同类型集聚区中与创新产出的相关性存在差异,解释力大小也不同(表6-3)。总体而言(见模型 6-1),有四项创新要素与创新产出之间存在显著相关性,有四项空间要素与创新产出间存在预期的相关性,但没能通过显著性检验。从横向对比来看(见模型 6-2 至模型 6-4),引导要素对耦合型集聚区创新产出的解释力最强(表现为拟合优度 R^2 最大),其次是分离型集聚区,半耦合型集聚区的解释力最弱。

具体而言,空间要素与创新产出具有显著关联性的指标不多。在耦合型集聚区中,土地成本与上级扶持政策具有显著相关性,回归系数分别为 0.121 与 0.370;在半耦合型集聚区中,环境舒适性表现出显著相关性,系数绝对值为 0.411;在分离型集聚区中,产业准入政策具有显著的负相关性,系数绝对值达到 2.368,说明产业准入政策在一定程度上抑制了创新产出;社会服务邻近性具有显著负相关性,系数绝对值为 0.643。

创新要素与创新产出具有显著相关性的指标较多。在耦合型集聚区中,上级扶持政策、借用功能、管道总量与社交友好性通过显著相关性检验;在半耦合型集聚区与分离型集聚区中,全球管道、国家管道与省级管道通过显著相关性检验。综合要素与创新产出的显著性关系不明显,仅有耦合型集聚区的社交友好性这一指标具有正的显著相关性,回归系数绝对值为 0.607。

表 6-3 不同类型创新集聚区创新产出影响因素回归结果

变量			模型 6-1 全体集聚区	模型 6-2 分离型	模型 6-3 半耦合型	模型 6-4 耦合型
空间要素	空间准入	土地成本	−0.021	0.196	−0.007	0.121*
		上级扶持政策	0.073	0.872	−0.356*	0.370**
	产业准入	产业准入政策	−0.144	−2.368**	0.049	0.053
	场所营造	环境舒适性#	−0.386	−1.979	−0.411*	0.394
		交通可达性#	0.024	0.166	−0.039	−0.097
		社会服务邻近性#	−0.022	−0.643**	0.002	0.067
创新要素	资金支持	上级扶持政策	0.073	0.872	−0.356*	0.370**
	创新设施	双创孵化邻近性#	0.051	0.852	−0.075	0.09
	合作关系	借用功能	0.778**	−0.224	1.166	1.086***
		借用规模	0.388	0.798	0.611	0.387
	网络管道	管道总量	0.008	−1.345**	−0.779*	0.466*
		全球管道	0.272***	1.553***	0.553**	0.084
		国家管道	0.728***	1.528**	1.310***	0.358
		省级管道	0.503***	1.046*	0.879***	0.244
综合要素	创新扩散	社交友好性	0.099	−0.616*	0.04	0.607**
		创新服务邻近性#	0.144	−1.381	0.182	0.698*
		产业相关性	−0.108*	−0.078	−0.112	−0.015
常数项			1.301**	5.879*	1.716***	−2.202*
拟合优度 R^2			0.811	0.798	0.592	0.872
样本量			830	99	357	374

注：*、**、***分别表示在 5%、1%、0.1%水平上显著；"#"表示负向指标。

6.2.2 不同类型创新集聚区空间优化的规划对策

根据引导要素指标与创新产出的关联程度，在对不同耦合类型集聚区进行空间优化时，将显著正相关的关键指标划分为核心引导要素（关联性水平较强，此处取系数绝对值大于 1 的指标）、重点引导要素（关联性水平适中，此处取系数绝对值介于 0.5 至 1 之间的指标）、一般引导要素（关联性水平较低，此处取系数绝对值小于 0.5 的指标）。此外，将具有正向关联性但显著性水平仅有 10% 的指标设置为潜在引导要素。接着，根据关键引导要素提出相应策略。

1) 耦合型集聚区:加强创新功能外溢,做好本地转化

该类型集聚区的核心引导要素为借用功能,重点引导要素为社交友好性,一般引导要素包括土地成本、上级扶持政策、管道总量,潜在引导要素为国家管道(表6-4)。具体的空间优化策略如下:

① 提升借用功能效应:建立创新链拓展配套区,拓展参与全球创新链的深度,学习、吸收先进创新功能。

② 加强社交友好性:提升咖啡厅、便利店等生活性设施密度,为创新交流与社会互动提供场所。

③ 降低土地成本:建立灵活的用地供给机制,通过政府提供部分创新用地的方式,为创新创业活动提供价格低廉的办公空间。

④ 扶持公立科教研发机构:增强对公立科教研发机构的资金支持与服务配套,围绕大型机构构建创新带动圈。

⑤ 提升管道总量:建设大型创新平台整合创新资源,为创新合作提供机会。

⑥ 增加国家创新合作渠道:壮大国家级平台的建设,融入国家级创新集群。

表6-4 耦合型集聚区的空间优化策略

主要特征	要素类别	关键引导要素	样例工具
一般位于武汉市主城区,由高校/科研机构主导,物质空间环境较为成熟;在创新功能与无形的社会环境塑造方面还存在短板	空间要素	★土地成本	弹性用地供给
	创新要素	★★★借用功能	创新孵化配套空间
		★上级扶持政策	公立科教研发机构
		★管道总量	创新平台
		☆国家管道	国家合作平台
	综合要素	★★社交友好性	生活性设施

注:关键引导要素来自影响指标的显著性关联指标。其中,"★★★"代表核心引导要素指标;"★★"代表重点引导要素指标;"★"代表一般引导要素指标;"☆"代表潜在引导要素指标。下同。

2) 半耦合型集聚区:促进创新功能升级,深度融入创新网络

该类型集聚区的核心引导要素为国家管道,重点引导要素包括全球管道、省级管道,一般引导要素为环境舒适性,潜在引导要素为借用规模(表6-5)。具体的空间优化策略如下:

① 增加国家创新合作渠道:争取设立国家级创新平台,融入国家级创新集群网络。

② 增加全球创新合作渠道:建立国际创新园区,打造国际级创新合作平台,融入全球创新网络核心。

③ 增加省域创新合作渠道:新建区域性合作平台,采取托管园区、创新飞地等柔性配置模式,整合省内创新集群。

④ 提升借用规模效应:引入国内外知名创新企业与科研院所建立分支机构,开展合作研究。

⑤ 提升环境舒适性:增加街头公园等绿地开敞空间的布局,满足创新人才的办公休闲环境舒适性要求。

表 6-5　半耦合类型集聚区的空间优化策略

主要特征	要素类别	关键引导要素	样例工具
一般位于开发区,由大型科技企业主导,物质空间环境建设以满足企业需求为主,对创新人群的需求考虑不足;创新功能不完善	空间要素	★环境舒适性	公园绿地
	创新要素	☆借用规模	大型科创机构分支基地
		★★全球管道	国际合作平台
		★★★国家管道	国家合作平台
		★★省级管道	区域合作平台(托管园区)

3) 分离型集聚区:提升创新孵化基础,强化地理集聚

该类型集聚区的核心引导要素包括产业准入政策、全球管道、国家管道、省级管道,重点引导要素为社会服务邻近性,潜在引导要素为创新服务邻近性(表 6-6)。具体的空间优化策略如下:

① 适当改善产业准入门槛:提高用地混合使用程度,新增创新型用地,合理控制产业准入门槛。

② 增加全球创新合作渠道:建立国际创新园区,参与国际级创新平台建设,拓宽与全球核心创新集群的联系。

③ 增加国家创新合作渠道:依托邻近的国家级创新平台,参与国家级创新集群研发合作。

④ 增加省域创新合作渠道:新建区域性合作平台,采取托管园区、创新飞地等柔性配置模式,加强省内创新合作。

⑤ 提升创新服务邻近性:完善专利代理、知识产权、技术转移、科技信息共享等创新服务设施配置,引导集聚区内部的创新孵化、互动与合作。

⑥ 提升社会服务邻近性:完善教育、医疗、文化等公共服务设施配置,提升创新人才的生活便利度。

表 6-6　分离型集聚区的空间优化策略

主要特征	要素类别	关键引导要素	样例工具
较强政府的空间引导作用带来地理空间集中,物质空间环境建设存在短板;创新设施不足,对创新功能的引导乏力	空间要素	★★★产业准入政策	多样性用地
		★★社会服务邻近性	中小学等公共服务设施供给
	创新要素	★★★全球管道	国际合作平台
		★★★国家管道	国家合作平台
		★★★省级管道	区域合作平台(托管园区)
	综合要素	☆创新服务邻近性	创新服务设施供给

6.3 耦合型集聚区的空间优化策略

6.3.1 环同济医学院集聚区引导要素的分析

环同济医学院集聚区地处汉口主城区,土地成本相对较高;各类生活设施配置相对成熟,但体育锻炼等新设施的布局空间不足。这些问题制约了集聚区进一步吸引创新主体。内部的同济医院、协和医院等支柱机构带动集聚区拥有通畅的外部网络管道,形成良好的网络合作关系。作为耦合型集聚区,环同济医学院集聚区发展基础良好,相关引导要素的配置比较完善,其集聚效应面临着如何进一步外溢的挑战。

统计结果表明,环同济医学院集聚区的多数引导要素指标值要高于耦合型集聚区与总体集聚区的平均值(图6-1)。例如,环同济医学院集聚区的交通可达性、社交友好性、产业准入政策、借用功能等指标值均高于同类型集聚区的平均值,表明这些要素已经发生了较好的作用。此外,在空间要素的土地成本、创新要素的上级扶持政策等方面的指标值低于同类型集聚区的平均值,说明这些要素尚未发生足够的作用。结合前文分析,环同济医学院集聚区需要优化的引导要素主要包括土地成本、上级扶持政策、借用功能、管道总量、国家管道与社交友好性六大要素,其中土地成本与上级扶持政策是最亟待优化的引导要素。

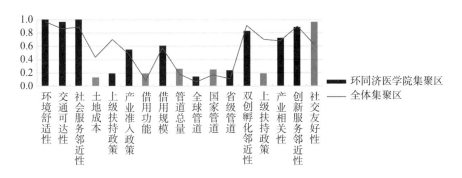

图6-1 环同济医学院集聚区引导要素的强度对比

注:图中各项指标均进行了数据标准化处理,数值上取所含创新主体对应指标的平均值;图中浅色柱状图形代表影响作用显著的引导要素指标。

6.3.2 环同济医学院集聚区的空间优化策略

1)提供创业友好的工作环境,降低办公空间成本

针对环同济医学院集聚区位于中心城区、以存量发展为主的特点,采取盘活存量的开发方式,灵活运用城市更新改造的存量空间置入知识创新资源,提供低成本的创新办公空间。借助城市更新改造的契机,在用地拆

迁更新的过程中,通过政府直供、市场供应政府购买等方式,提供孵化器、加速器等共享办公空间。这些低成本办公空间主要面向中小企业与初创团队,以租用补贴或者低租金的出租方式,降低知识创新主体的土地成本。参考《武汉•硚口环同济健康城产业空间及城市更新改造规划》以及武汉市城市更新及房屋征收计划等政策文件,整理出了环同济医学院集聚区内部的更新改造空间(图6-2)。在相关更新过程中,适当增加商务办公用地的比例,围绕集聚区内的创新活动核心机构,新建部分创新创业园区,吸引与大健康产业相关的研发、办公机构入驻,打造低成本、高品质的办公场所,降低中小企业的创业成本。

图6-2 环同济医学院集聚区更新改造地块分布

2) 打造三区融合的知识创新圈,加强对公立机构的扶持

针对环同济医学院集聚区公立医院数量多的特征,加强政策扶持力度,围绕核心机构优化知识创新要素的空间配置。以核心创新主体为纽带,实现创新校区、街区、园区的融合发展。在一定半径范围内,优化创新空间布局、打造复合型的知识创新活动圈,从而放大公立创新主体的带动作用。

以"同济医院"(包含同济医学院)与"协和医院"为核心机构,加强各类扶持政策的投放,建议以2 km为半径提升公立机构周边的创新资源浓度(图6-3)。具体扶持策略提供如下:一是,加强财政支持,为高校、公立医院与科研机构提供充足的知识创新活动资金;二是,加强人才公寓、交流培训等创新服务的配套,满足知识创新人才的需求;三是,加强与产业空间的联系,为知识创造、转化、利用提供有力支撑。

3) 以大健康科创园区为桥梁,助推借用功能效应

借用功能效应在一定程度上弥补了环同济医学院集聚区在创新链环

图6-3 环同济医学院集聚区的创新圈布局优化

节上的不足,加速了创新的完成。为便于创新功能的借用,需要在本地引入更多的功能锚点,以便通过本地合作间接实现与具有稀缺创新功能的机构合作。

鉴于环同济医学院集聚区内部空间不足,将邻近的汉江湾老工业区更新为科创园区,以弥补知识创新链条的不足。其中,环同济医学院集聚区主要承担医疗知识传授、医疗技术创新、医疗服务、医疗知识传播等功能,把握知识"概念—知识创新—技术孵化—应用"链条中的两端,为新知识的孵化提供创新知识基础、创新人才、创新试验数据等创新资源。在汉江湾科创园区主要布局医疗创新风险投资、医疗服务、企业孵化等中间环节功能,引进全球顶尖企业的研发部门,为基础研究机构借用全球顶尖机构的高端创新功能提供桥梁。

4) 搭建开放的创新平台群,扩展多层次网络管道

管道总量决定了集聚区在创新网络中的连通性,影响着集聚区对知识流的获取。其中,国家尺度是耦合型集聚区发挥辐射作用的主要空间,因此,国家管道的建立至为关键。创新平台将创新资源集中起来,是提升资源的可利用性、引导创新主体合作的重要途径,不同层次的平台所对应的网络管道也不同。

优化整合集聚区内现有的各级创新平台,建立"一主多点"的创新平台群(图6-4)。其中,以华中科技大学同济医学院的同济健康云平台为中心,整合各类平台的科研资源,形成一个集研发、诊断、服务等于一体的资源平台,建立中部地区具有影响力的大健康产业服务中心;以协和医院、武汉市第一医院等综合性医院为分中心,打通不同平台的资源界限。平台建

设方面,一是建立开放、友好的资源使用制度,鼓励其他机构成为平台用户,共同开展学术研究;二是协议建立国际、国内合作基地,链接全球大健康产业资源,促进平台中的用户建立长期合作关系。

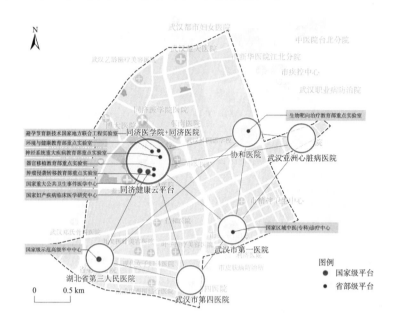

图 6-4　环同济医学院集聚区的重点创新平台布局

5) 营造包容的社会互动场所,提升社交友好性程度

适宜的社交友好性将促进创新人才的非正式交流与互动,为隐性知识的流动与交换提供条件。创新人才的社交离不开咖啡厅、便利店等生活性设施。因此,针对不同人群提升生活性设施的密度将有助于营造包容的社会互动场所,优化环境的社交友好性。

在现有生活设施布局的基础上,进一步优化生活设施的配置,区分商务社交空间、社区社交空间与校园社交空间(图 6-5)。其中,商务社交空间主要面向都市白领、研发办公人员,提供便利店、咖啡厅等日常沟通交流的场所,方便在工作间隙的歇息与面谈。社区社交空间主要面向一般的创新人才,提供便利店、体育设施等工作时间之外的互动空间,方便工作时间之外的结伴运动等形式的交流。校园社交空间主要面向高校师生,提供自习室、会议厅等学习和讲座等学术交流活动空间。

6.4　半耦合型集聚区的空间优化策略

6.4.1　沌口集聚区引导要素分析

沌口集聚区位于武汉经开区之内,具有以典型的开发区产业空间为主的要素引导作用,其特征是受政府政策影响显著,城市建设以生产空间为

图 6-5 环同济医学院集聚区生活设施布局的优化

主,土地成本较为适宜;但是,生活设施配置相对欠缺,与创新相关的各项服务、孵化基础较为薄弱。这些方面的问题使得集聚区内的创新氛围不够浓厚,缺少足够活跃的创新互动来培育网络管道。集聚区内基本围绕着东风公司这一核心支柱机构展开创新布局,创新生态系统的开放性不足,网络合作关系水平不高。作为半耦合型集聚区,沌口集聚区在引导要素的配置方面尚存在短板,创新氛围营造不足,因此应首要解决创新功能升级的问题。

统计分析表明,沌口集聚区的多数引导要素指标值要低于半耦合型集聚区与全体集聚区的平均值(图 6-6)。例如,借用规模、环境舒适性、社交友好性等指标值均低于同类型集聚区的平均值,表明这些要素未能发挥有效作用。此外,沌口集聚区在上级扶持政策与产业准入政策方面的指标值则高于同类型集聚区的平均值,说明政策性要素产生了显著的影响。结合关于引导要素显著性的分析,沌口集聚区需要优化的引导要素主要包括环境舒适性、借用规模、全球管道、国家管道与省级管道五大要素,各项要素均存在较大提升空间。

6.4.2 沌口集聚区的空间优化策略

1) 打造人文情怀的公共空间,改善环境舒适性程度

环境舒适性的提升将优化创新人才生活办公场地的空间品质,为激发创新灵感创造良好的公共空间。落实国家关于城市绿化建设的相关要求,围绕主要创新主体,打造适宜社交、步行友好、具有温度的公共空间体系。

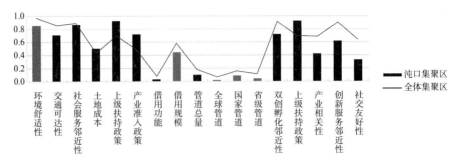

图 6-6 沌口集聚区引导要素的强度对比

注：图中各项指标均进行了数据标准化处理，数值上取所含创新主体对应指标的平均值；图中浅色柱状图形代表影响作用显著的引导要素指标。

结合沌口集聚区河湖众多的特征，在完善公园绿地、街头广场等空间布局的同时，重点依托各类岸线打造滨水休闲空间，形成适宜休闲游览的蓝绿公共空间体系。在生产、办公、居住等功能空间周边利用零碎用地，按照"300 m 见绿、500 m 见园"的政策要求，置入街角公园、口袋公园、社区公园、街头广场等，满足创新人才休闲游憩、运动健身的需求。围绕河湖岸线建立滨水步道，打造富有特色的临水游憩公共空间设施，提升环境魅力。增加创意空间和艺术氛围，在重点公共节点放置艺术景观小品，营造激发创意与灵感的舒适环境。

2) 引入大型科创组织分支机构，强化借用规模效应

提升借用规模效应，有利于弥补本地创新规模的不足，获得更大的创新产出。实现借用规模的前提是在大型知识创新中心与机构之间建立实质性的合作关系。为此，有必要吸引大型科创机构建立分支机构作为中介桥梁，从而与大型机构建立起稳定的借用规模关系。

对于沌口集聚区而言，可行的操作路径包括：其一，明确汽车产业创新需求，有针对性地建立潜在科创机构引入名录，提高机构引入的成功概率；其二，为入驻的机构提供用地保障，投建高标准的科创园区，便于承载创新活动溢出；其三，提供配套的创新激励政策，鼓励分支机构与总部建立密切的合作关系，并为创新产出较大的机构提供相应的奖励或补贴，维护已经建立的合作关系。

3) 建设国际汽车科创园区，扩展全球网络管道

稳定的全球网络管道有利于集聚区迅速接触世界最新消息，及时调整战略方向。以国际化园区为平台，引入全球顶尖的科创机构，让本地创新主体与国际创新同行充分碰撞，收获与国际机构开展合作的经验，为国际创新合作的建立打牢基础。

以东风公司与法国的现有合作关系为基础，聚焦于新能源与智能网联汽车创新方向，以中法生态城、中德国际产业园为合作平台，融入全球新能源汽车产业集群（图 6-7）。引进国际高级汽车研发人才，面向新能源与智能网联汽车制造链条中的关键技术，孵化具有国际优势的行业隐形冠军、

独角兽等企业,建立与国际合作的技术攻关团队。发挥东风公司与国家级平台的资源配置功能,与欧美先进技术团队建立合作研发关系,保持对全球前沿技术的及时追踪。

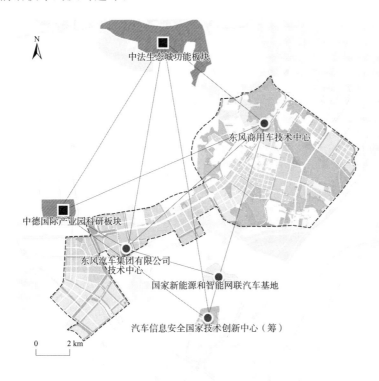

图 6-7　沌口集聚区的国际产业园区布局

4) 新建国家级汽车产业平台,巩固国家网络管道

国家管道连通性的增强将提升集聚区在我国汽车创新网络中的位置,更好地参与创新网络中的资源分配。通过创建国家级的创新平台,掌握核心创新资源,既能够巩固与汽车产业中心城市间的合作关系,又为辐射带动其他中小城市提供了平台,是拓宽国内管道的重要抓手。

建立多种类型的国家级创新平台,融入国家新能源和智能网联汽车产业集群(图 6-8)。其中,知识创新平台依托江汉大学国家重点实验室、汽车信息安全国家技术创新中心(筹)等高等级科研设施,建立全国性创新合作网络,带动基础研究与原始创新;产业创新平台基于国家新能源和智能网联汽车基地、各类工业研究院等产业研发机构,聚焦于新能源汽车、智能网联汽车等发展方向,在全国形成技术领先位置;创新孵化平台基于各种众创孵化空间,通过面向全国的孵化资源平台,建立与不同城市产业团队间的交流与合作。

5) 以柔性模式建立创新飞地,扩大省内网络管道

在湖北省内扩大创新合作的渠道,更有利于集聚区中的创新主体发挥

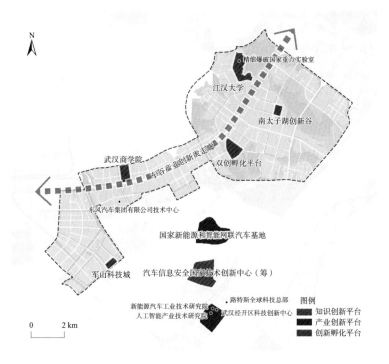

图 6-8　沌口集聚区创新平台布局优化

主导作用,建立以自身为核心的创新链条,从而巩固创新能力。为此,集聚区应采取"创新飞地"、托管园区等柔性机制,鼓励有能力的创新主体通过省内其他城市设立分支机构、联合组成创新联盟等方式,整合全省汽车产业集群,加强集聚区与省内城市之间的创新合作渠道。

沌口集聚区应借助建设车谷产业创新大走廊的契机,武汉经开区托管周边的中小园区,如新滩新区等,在园区中布局科技创新、企业孵化等创新板块,输送部分创新资源帮助周边城市提高创新基础。具体可包括:以东风公司为龙头带动区域汽车产业发展,在周边城市布局研发部门与企业分支机构;提供一定的创新激励资金,扶持飞地园区内的中小企业发展;推动各类汽车产业创新平台在飞地园区内建立分中心,提供更高质量的创新服务;开展创新人才培训讲授课程,组织创业导师指导创新产业,提升周边城市的创新氛围,加强人才社会网络联系。

6.5　分离型集聚区的空间优化策略

6.5.1　高新二路集聚区引导要素分析

高新二路集聚区位于武汉东湖高新区内,是配套相对成熟的开发区空间,其特征受开发区政策影响,空间配置以产业生产功能为主,创新孵化的基础相对健全;但是,因缺少大型的支柱机构带动,难以形成显著的地理集聚效应。这些方面的问题使得集聚区内活跃的创新主体数量不足，主体互动频率不高。集聚区对于创新功能缺少有序组织，导致创新主体各自为政，内部合作关系水平不高。高新二路集聚区的短板突出体现在创新氛围不浓、大型创新主体较少等方面，应优先改善创新基础薄弱的劣势。

经统计分析，高新二路集聚区的多数空间要素指标值要高于分离型集聚区与全体集聚区的平均值(图6-9)。例如，环境舒适性、产业相关性、社会服务邻近性、上级扶持政策与产业准入政策等指标值均高于同类型集聚区的平均值，表明这些要素已发挥较大作用。而在创新要素方面，除了双创孵化邻近性、创新服务邻近性、社交友好性等硬环境方面体现了良好的作用外，其他软环境方面的要素作用差距较大。结合关于引导要素显著性的分析，高新二路集聚区需要重点优化的引导要素包括创新服务邻近性、社会服务邻近性、产业准入政策、全球管道、国家管道与省级管道六大要素，以全球管道、国家管道与省级管道三个要素最为关键。

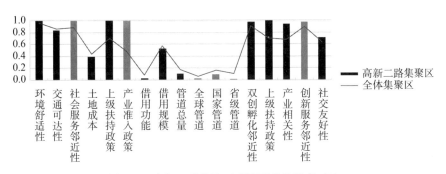

图6-9 高新二路集聚区引导要素的强度对比

注：图中各项指标均进行了数据标准化处理，数值上取所含创新主体对应指标的平均值；图中浅色柱状图形代表影响作用显著的引导要素指标。

6.5.2 高新二路集聚区的空间优化策略

1) 增强多样创新活动的用地保障，降低产业准入门槛

适宜的产业准入门槛有利于筛选出劣质创新主体，同时保留主体的多样性，促进创新主体的互动。因此，有必要进一步灵活制定产业准入制度，降低不同种类创新主体的准入门槛。

在用地供给方面，依照武汉市新型工业用地(M0)政策，推行支持新产业、新业态发展的用地政策，探索增加混合产业用地供给，满足多种知识创新活动的需求。重点向高新二路集聚区所缺乏的光电信息产业科创机构、科教机构倾斜。在用地兼容性管理方面，鼓励一定的混合土地出让，适当提高用地的可兼容比例，为不同创新主体的交流提供空间。其中，水平方向的用地功能混合应结合创新单元的组建，综合配置研发办公、创新服务、居住、公共服务等功能，满足知识创新人才弹性的工作与生活需求。在垂

直方向的建筑功能配置上,充分发挥创新楼宇对创新创业活动的作用,利用办公楼与闲置用房,通过出租、出售、合作、共享等方式提供多样性的办公空间,吸引中小创新主体的集聚。

2) 建立国际光电孵化园区,融入全球网络管道

全球网络管道能够为集聚区带来更多的全球性资源,是创新集聚区保持先进的重要措施。对于分离型集聚区而言,内部缺少全球性的创新主体,难以建立更多的全球网络管道。因此,有必要建立国际孵化园区,引入全球孵化机构,借助全球资源培育新兴创新主体。建议在高新二路集聚区内整合现有的创新孵化空间,大力引进国际化创新孵化机构、风投机构、创业培训机构等全球创新创业资源,培育具有全球视野的光电信息新兴机构;招揽全球光电产业人才来此创业,建立国际性研究团队,借助人才社交网络与国际顶尖创新组织建立稳定的合作关系。

3) 创建高品质的创新生活圈,提档社会服务配置

可达性强的社会服务配置将提升创新人才的家庭生活品质,是吸引创新所需人才的重要方面。需要结合创新人才的通勤特征,布局高可达性的教育、医疗、体育、文化等社会服务,提升服务供给的智慧化、及时化程度,打造符合人才居住的多维创新生活圈。

多维创新生活圈的目标是供应多维度的优质社会服务。首先,打造 15 min 核心生活圈与 30 min 基础生活圈,并与网络空间中的虚拟生活圈相结合,形成线上线下结合、虚拟与现实融合的服务场景。其次,应建立响应及时、全面覆盖的企业服务体系。以第五代移动通信技术(5G)基站、大数据等新基建为契机,打造生活服务的数字公共平台,为创新人才提供在线的教育、购物、就医、办公等服务,满足创新人才对创意生活的追求。

4) 借力国家光电信息创新平台,融入国家网络管道

通达的国家层面网络管道是介入国家创新网络核心的重要基础,对参与国家顶级创新资源分配、决定创新主导方向具有重要意义。国家级的各类产业平台、研究平台、技术平台是能够整合全国资源、打通与重要产业集群合作关系的媒介。鉴于分离型集聚区不足以单独设立此类平台,因此应主动借力邻近的国家平台,以成立分中心、入股等方式参与建设,获取连通国家重要产业集群的机会。

具体而言,高新二路集聚区可采取两段式融入方式连通各类型国家产业集群。第一阶段,与国家信息光电子创新中心、武汉光电国家研究中心等重大平台签署合作协议,分享这些平台的技术积累、产业集群等资源;第二阶段,借助上述国家平台与不同类型的国家产业集群的合作关系,尝试通过联合攻关、创新链上下游合作等方式建立集群间联系,打开国家合作渠道。

5) 依托功能平台与交通节点,巩固区域网络管道

省内的网络管道有利于创新主体就近进行创新布局,扩展创新腹地,塑造地区创新竞争能力。加强省内网络管道的方式包括两种途径:一是优

化交通枢纽节点,提升与省域周边城市的交通通达性,为合作关系的建立创造条件;二是借助创新平台对接区域重点创新空间,形成柔性的合作机制。

高新二路集聚区应主抓硬性的交通节点与柔性的创新平台两大纽带,带动与省内重要创新空间的联系机制。一方面,充分利用武汉东站作为湖北省东南地区交通枢纽的作用,提升与鄂州、咸宁等城市的交通可达性,便于创新空间之间的交流;另一方面,借助武汉国家光电子信息产业基地这一功能平台,通过园中园、飞地经济等柔性化方式,建立整合的合作关系,为建立创新资源高效流动的网络管道提供制度保障。

6)强化基础创新要素支撑,提升创新服务邻近性

良好的创新服务可达性能够帮助创新主体迅速获得创新活动所需的各类资源,促进创新产出的提高。因此,应加强创新基础设施的布局,降低主要创新主体与创新服务之间的距离,建立高效的创新要素支撑网络。

从科教基础设施、产业创新基础设施与科创公共服务设施等方面入手,形成网络化的设施布局(图 6-10)。其中,在科教基础设施方面,依托集聚区内的高校,优化、升级既有科教资源的配置,巩固科教实力;在产业创新基础设施方面,依托高德红外股份有限公司等核心企业,组建工研院、技术联盟等新型研发机构,整合产业创新资源;在科创公共服务设施方面,依托各类众创空间与共享办公空间,建立知识产权代理、创新风投、法律代理等服务,提供专业化、全流程的孵化服务。

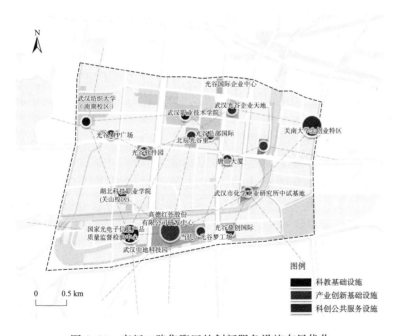

图 6-10 高新二路集聚区的创新服务设施布局优化

7　总结与展望

以"大智移云"为代表的新兴技术快速发展,极大改变了空间的流动性。基于要素流动的各类网络在人类社会经济发展中的角色越来越重要。这种网络化转型在创新领域表现得尤为突出。借助全球创新网络,纽约、伦敦、东京、北京等全球创新中心城市保持了对创新资源配置与转化的有效控制,从而塑造出强劲的经济增长驱动力。而像武汉这类次一级的科创中心正加紧融入多尺度创新网络,将创新网络战略作为继创新地理集聚战略后又一重要突破路径。

2010年以来,"创新城区"等的崛起预示着全球创新活动的布局发生了新的变化,"创新回归都市"成为不争的事实。创新向城市中心的集聚既源自大城市成熟的社会经济环境对知识型员工的吸引,也受到全球人才流入、国际创投资金、广泛创新合作等全球化力量的驱动。因此,城市创新空间已经成为地理集聚与网络集聚交叠融合的区域,这种多个集聚过程的耦合将进一步提升城市创新空间的发展动力。在日益激烈的创新竞争背景下,如何推动这种融合将是我国城市的重要挑战。从武汉市的实证分析来看,仍有很大部分的城市创新空间没能取得良好的地理—网络集聚耦合效果。在中国特色城市发展语境中,政府对创新资源的配置仍具有重要作用,未来应将政府作用与市场要素流动有机结合,从根本上改变创新组织的结构。

当前,我国大城市普遍面临着发展方式转型的问题,亟须提升城市能级和核心竞争力。科技创新策源能力的增强是重要方式之一。为此,在新一轮国土空间规划编制中,上海、深圳、南京、武汉等特大超大城市将创新空间支撑体系作为一项重要规划内容,用以保障高等级创新空间的需要。从底层打通场所空间与流动空间的转化通道,是保证大城市塑造全球创新资源配置、科技创新策源、战略产业引导等功能的必要支撑。从相关学者的研究来看,"创新街区"这类微观创新空间将是今后我国创新空间的重要形式,科技部火炬中心也推进了"创新街区"试点建设。未来,有必要在这一方向进一步深化研究,为政策落地实施提供助力。

参考文献

•中文文献•

白雪飞,2019.创新资源优化配置研究[M].北京:经济管理出版社:13-14.

波兰尼,2007.大转型:我们时代的政治与经济起源[M].冯钢,刘阳,译.杭州:浙江人民出版社.

蔡云楠,黄世鑫,倪红,2021.创新驱动下城市创新产业单元空间特征及规划策略[J].城市发展研究,28(1):78-85.

曹清峰,2019.协同创新推动区域协调发展的新机制研究:网络外部性视角[J].学习与实践(10):32-41.

曹贤忠,曾刚,2019a.经济地理学视角下创新网络与区域增长研究述评[J].热带地理,39(3):472-478.

曹贤忠,曾刚,2019b.企业创新网络空间尺度选择及影响因素:以上海高技术企业为例[C]// 中国地理学会经济地理专业委员会.2019年中国地理学会经济地理专业委员会学术年会摘要集.北京:中国地理学会经济地理专业委员会:188.

曹贤忠,曾刚,朱贻文,2018.上海高新技术企业创新结网影响因子实证分析[J].地理科学,38(8):1301-1309.

陈秉钊,范军勇,2007.知识创新空间论[M].北京:中国建筑工业出版社.

陈嘉平,黄慧明,陈晓明,2018.基于空间网格的城市创新空间结构演变分析:以广州为例[J].现代城市研究,33(9):84-90.

陈军,石晓冬,王亮,等,2017.存量空间视角下北京市创新空间增长机制及其对策研究[J].北京规划建设(3):84-87.

陈小兰,千庆兰,张凯煌,2021.广州创新区的分布、类型及资产特征[J].现代城市研究,36(1):39-44.

陈雄辉,楚鹏飞,罗晓晴,等,2020.科技政策对企业创新的作用机制研究:以广东省为例的实证分析[J].技术经济,39(12):61-69.

陈艳萍,2019.珠三角城市群知识创新合作网络特征研究:基于论文合作的实证分析[J].科技与创新(18):56-59.

陈梓烽,柴彦威,2014.通勤时空弹性对居民通勤出发时间决策的影响:以北京上地—清河地区为例[J].城市发展研究,21(12):65-76.

程玉鸿,苏小敏,2021.城市网络外部性研究述评[J].地理科学进展,40(4):713-720.

崔莉,雷宏振,2018.基于传统地理空间和网络虚拟空间进行的两类产业转移之对比研究[J].城市发展研究,25(5):74-80.

戴靓,曹湛,朱青,等,2021.中国城市群知识多中心发展评价[J].资源科学,43(5):886-897.

德鲁克,2009.创新与企业家精神[M].蔡文燕,译.北京:机械工业出版社.

邓永旺,胡涛,侯军杰,等,2020. 长春都市圈城市创新能力空间分异研究[J]. 规划师,36(S2):69-74.

邓智团,2014. 创新驱动背景下城市空间的响应与布局研究:以上海为例[J]. 区域经济评论(1):142-146.

邓智团,2017. 创新街区研究:概念内涵、内生动力与建设路径[J]. 城市发展研究,24(8):42-48.

邓智团,陈玉娇,2020. 创新街区的场所营造研究[J]. 城市规划,44(4):22-30.

丁小江,2020. 借用规模对中小城市生产率的影响研究[D]. 兰州:兰州大学.

段德忠,杜德斌,桂钦昌,等,2018. 中国企业家成长路径的地理学研究[J]. 人文地理,33(4):102-112.

段德忠,杜德斌,刘承良,2015. 上海和北京城市创新空间结构的时空演化模式[J]. 地理学报,70(12):1911-1925.

段吕晗,杜德斌,黄筱彧,2019. 上海互联网新创企业的时空演化及影响因素[J]. 地理科学进展,38(3):383-394.

符文颖,雷维拉·迪兹,席勒,2013. 区域创新系统的管治框架演化:来自深圳和东莞的对比实证[J]. 人文地理,28(4):83-88.

高丽娜,华冬芳,2020. 创新环境、网络外部性与城市群创新能力:来自长三角城市群的经验研究[J]. 华东经济管理,34(9):55-60.

高爽,王少剑,王泽宏,2019. 粤港澳大湾区知识网络空间结构演化特征与影响机制[J]. 热带地理,39(5):678-688.

古恒宇,沈体雁,2021. 1995—2015年中国省际人口迁移网络的演化特征:基于异质性劳动力视角[J]. 地理研究,40(6):1823-1839.

桂钦昌,杜德斌,刘承良,等,2021. 全球城市知识流动网络的结构特征与影响因素[J]. 地理研究,40(5):1320-1337.

郭楠楠,王疆,2019. 产业集聚、产业异质性与跨国并购区位选择:零膨胀负二项回归模型[J]. 新疆农垦经济(11):75-83.

郭振松,2017. 广佛城镇空间网络的借用规模效应探索[D]. 广州:华南理工大学.

国子健,钟睿,朱凯,2020. 协同创新视角下的区域创新走廊:构建逻辑与要素配置[J]. 城市发展研究,27(2):8-15.

浩飞龙,杨宇欣,王士君,2020. 城市舒适性视角下长春市创新产出的空间特征及影响因素[J]. 人文地理,35(5):61-68,129.

何郁冰,张迎春,2015. 网络类型与产学研协同创新模式的耦合研究[J]. 科学学与科学技术管理,36(2):62-69.

贺灿飞,潘峰华,2007. 产业地理集中、产业集聚与产业集群:测量与辨识[J]. 地理科学进展,26(2):1-13.

胡彩梅,2013. 知识溢出影响区域知识创新的机理及测度研究[D]. 长春:吉林大学.

胡晨光,程惠芳,俞斌,2011."有为政府"与集聚经济圈的演进:一个基于长三角集聚经济圈的分析框架[J]. 管理世界(2):61-69,80.

胡璇,杜德斌,2019. 外资企业研发中心在城市内部的时空演化及机制分析:以上海为例[J]. 经济地理,39(7):129-138.

简兆权,旷珍,2020. 协同创新网络、复合式能力与新服务开发绩效[J]. 管理学报,17(10):1498-1505.

姜凯凯,2021. 空间资源配置视角下城市规划的转型策略研究:基于我国市场经济实践的思考[J]. 城市规划,45(1):30-38,61.

孔令池,李致平,徐璐莹,2016. 中国服务业空间集聚:市场决定还是政府主导[J]. 上海经济研究(9):73-81,89.

李丹丹,汪涛,魏也华,等,2015. 中国城市尺度科学知识网络与技术知识网络结构的时空复杂性[J]. 地理研究,34(3):525-540.

李福映,郑清菁,2019. 都市区创新空间布局模式探讨与规划实践:以青岛市为例[J]. 城市发展研究,26(8):111-117,2,31.

李健,屠启宇,2015. 创新时代的新经济空间:美国大都市区创新城区的崛起[J]. 城市发展研究,22(10):85-91.

李凌月,张啸虎,罗瀛,2019. 基于创新产出的城市科技创新空间演化特征分析:以上海市为例[J]. 城市发展研究,26(6):87-92,33.

李鲁奇,马学广,鹿宇,2019. 飞地经济的空间生产与治理结构:基于国家空间重构视角[J]. 地理科学进展,38(3):346-356.

李倩,2020. 基于借用规模视角的上海市生活性服务业空间布局及影响因素研究[D]. 上海:华东师范大学.

李劲杰,2018. "双创"政策引领下的厦门旧工业区微更新探索[J]. 城市规划学刊(7):82-88.

李守伟,2018. 知识转移对企业创新能力的影响研究:网络中心性的调节作用[J]. 科技管理研究,38(18):164-171.

李松林,刘修岩,2017. 中国城市体系规模分布扁平化:多维区域验证与经济解释[J]. 世界经济(11):144-169.

李小建,罗庆,2007. 经济地理学的关系转向评述[J]. 世界地理研究,16(4):19-27.

李迎成,2018. 中西方城市网络研究差异及思考[J]. 国际城市规划,33(2):61-67.

李迎成,2019. 大都市圈城市创新网络及其发展特征初探[J]. 城市规划,43(6):27-33,39.

李应博,2009. 科技创新资源配置:机制、模式与路径选择[M]. 北京:经济科学出版社.

廖胤希,苏悦,尹虎,2021. 创新空间场景分异下规划建设要素的选择与管控传导[J]. 规划师,37(15):61-67.

林柄全,谷人旭,王俊松,等,2018. 从集聚外部性走向跨越地理边界的网络外部性:集聚经济理论的回顾与展望[J]. 城市发展研究,25(12):82-89.

林娟,张欣炜,汪明峰,2017. 上海大都市区物联网产业集聚与空间演化[J]. 人文地理,32(3):131-137,145.

刘滨谊,贺炜,刘颂,2012. 基于绿地与城市空间耦合理论的城市绿地空间评价与规划研究[J]. 中国园林,28(5):42-46.

刘承良,管明明,2018. 基于专利转移网络视角的长三角城市群城际技术流动的时空演化[J]. 地理研究,37(5):981-994.

刘承良,桂钦昌,段德忠,等,2017. 全球科研论文合作网络的结构异质性及其邻近性机理[J]. 地理学报,72(4):737-752.

刘海猛,方创琳,李咏红,2019. 城镇化与生态环境"耦合魔方"的基本概念及框架[J]. 地理学报,74(8):1489-1507.

刘合林,聂晶鑫,2020. 2006—2018年中国省级以上开发区的空间分布特征变化[J]. 自然资源学报,35(9):2229-2240.

刘合林,聂晶鑫,罗梅,等,2021. 国土空间规划中的刚性管控与柔性治理:基于领地空间与关系空间双重视角的再审视[J]. 中国土地科学,35(11):10-18.

刘军,2009. 整体网分析讲义:UCINET软件实用指南[M]. 上海:格致出版社.

刘颂豪,2001. 21世纪的光电子产业[J]. 科技管理研究(2):1-6.

刘晓畅,2021. 改革开放40年来中国城乡规划研究领域演进[J]. 城市发展研究,28(1):6-12.

刘修岩,陈子扬,2017. 城市体系中的规模借用与功能借用:基于网络外部性视角的实证检验[J]. 城市问题(12):12-19.

刘晔,徐楦钫,马海涛,2021. 中国城市人力资本水平与人口集聚对创新产出的影响[J]. 地理科学,41(6):923-932.

刘逸,2020. 关系经济地理的研究脉络与中国实践理论创新[J]. 地理研究,39(5):1005-1017.

卢弘旻,朱丽芳,闫岩,等,2020. 基于政策设计视角的新型产业用地规划研究[J]. 城市规划学刊(5):39-46.

陆军,毛文峰,2020. 城市网络外部性的崛起:区域经济高质量一体化发展的新机制[J]. 经济学家(12):62-70.

罗震东,2020. 新兴田园城市:移动互联网时代的城镇化理论重构[J]. 城市规划,44(3):9-16,83.

吕承超,商圆月,2017. 高技术产业集聚模式与创新产出的时空效应研究[J]. 管理科学,30(2):64-79.

吕拉昌,等,2017. 创新地理学[M]. 北京:科学出版社:194-195.

吕拉昌,廖倩,黄茹,2018. 基于期刊论文的中国地级以上城市知识专业化研究[J]. 地理科学,38(8):1245-1255.

吕拉昌,赵彩云,2021. 中国城市创新地理研究述评与展望[J]. 经济地理,41(3):16-27.

马恩,王有强,2019. 区位导向性政策是否促进了企业创新:以我国开发区政策为例[J]. 科技管理研究,39(11):35-42.

马海涛,2020. 知识流动空间的城市关系建构与创新网络模拟[J]. 地理学报,

75(4):708-721.

马海涛,黄晓东,李迎成,2018.粤港澳大湾区城市群知识多中心的演化过程与机理[J].地理学报,73(12):2297-2314.

马双,曾刚,吕国庆,2016.基于不同空间尺度的上海市装备制造业创新网络演化分析[J].地理科学,36(8):1155-1164.

马璇,张振广,2019.东京广域首都圈构想及对我国大都市圈规划编制的启示[J].上海城市规划(2):41-48.

毛茗,罗震东,兰菁,2021."流乡村"理念下边远乡村发展策略与规划研究:以贵州省石阡县楼上村为例[J].西部人居环境学刊,36(1):19-25.

孟琳琳,李江苏,李明月,等,2020.河南省现代服务业集聚特征及影响因素分析[J].世界地理研究,29(6):1202-1212.

宓泽锋,周灿,尚勇敏,等,2020.本地知识基础对新兴产业创新集群形成的影响:以中国燃料电池产业为例[J].地理研究,39(7):1478-1489.

倪进峰,2018.集聚外部性与城市劳动生产率:"本地""网络"双重视角下的机理和实证[D].兰州:兰州大学.

聂晶鑫,黄亚平,刘合林,等,2017.基于社会网络分析的武汉城市圈城镇生活性关联特征[J].经济地理,37(3):63-70.

聂晶鑫,黄亚平,单卓然,2018a.武汉城市圈城镇体系特征与形成机制研究:基于城市网络的视角[J].现代城市研究(3):110-116.

聂晶鑫,刘合林,2018b.中国人才流动的地域模式及空间分布格局研究[J].地理科学,38(12):1979-1987.

聂晶鑫,刘合林,2021.我国不同区域空间组织方式的尺度与效率研究:基于城市间物流市场网络的分析[J].城市规划,45(9):70-78.

潘峰华,方成,李仙德,2019.中国城市网络研究评述与展望[J].地理科学,39(7):1093-1101.

钱菊,2019.基于产业集聚与耦合发展理论的扬州湾头玉器特色小镇规划与建设研究[D].扬州:扬州大学.

邱坚坚,刘毅华,袁利,等,2020.粤港澳大湾区科技创新潜力的微观集聚格局及其空间规划应对[J].热带地理,40(5):808-820.

邱衍庆,钟烨,刘沛,等,2021.粤港澳大湾区背景下的穗莞深创新网络研究[J].城市规划,45(8):31-41.

任俊宇,杨家文,黄虎,2020.创新城区的"生态—主体—空间"创新发展机制研究[J].城市发展研究,27(5):18-25.

萨缪尔森,诺德豪斯,2013.经济学[M].萧琛,主译.19版.北京:商务印书馆.

单双,曾刚,朱贻文,等,2015.国外临时性产业集群研究进展[J].世界地理研究,24(2):115-122.

邵朝对,苏丹妮,李坤望,2018.跨越边界的集聚:空间特征与驱动因素[J].财贸经济,39(4):99-113.

舒天衡,任一田,申立银,等,2020.大型城市消费活力的空间异质性及其驱动因素研究:以成都市为例[J].城市发展研究,27(1):16-21.

司月芳,孙康,朱贻文,等,2020. 高被引华人科学家知识网络的空间结构及影响因素[J]. 地理研究,39(12):2731-2742.

宋长青,程昌秀,杨晓帆,等,2020. 理解地理"耦合"实现地理"集成"[J]. 地理学报,75(1):3-13.

苏灿,曾刚,王秋玉,2020. 多样性的区域影响效应研究进展和展望[J]. 地理科学进展,39(11):1923-1933.

孙斌栋,丁嵩,2017. 多中心空间结构经济绩效的研究进展及启示[J]. 地理科学,37(1):64-71.

孙文秀,2020. 创新驱动下杭州城市空间组织的转型与重构[D]. 杭州:浙江工业大学.

孙文秀,武前波,2019. 新科技革命下知识型城市空间组织的转型与重构[J]. 城市发展研究,26(8):62-70.

孙祥栋,张亮亮,赵峥,2016. 城市集聚经济的来源:专业化还是多样化:基于中国城市面板数据的实证分析[J]. 财经科学(2):113-122.

孙瑜康,李国平,袁薇薇,等,2017a. 创新活动空间集聚及其影响机制研究评述与展望[J]. 人文地理,32(5):17-24.

孙瑜康,孙铁山,席强敏,2017b. 北京市创新集聚的影响因素及其空间溢出效应[J]. 地理研究,36(12):2419-2431.

覃柳婷,滕堂伟,张翌,等,2020. 中国高校知识合作网络演化特征与影响因素研究[J]. 科技进步与对策,37(22):125-133.

谭清美,2004. 区域创新资源有效配置研究[J]. 科学学研究(5):543-545.

唐爽,张京祥,何鹤鸣,等,2021. 创新型经济发展导向的产业用地供给与治理研究:基于"人—产—城"特性转变的视角[J]. 城市规划,45(6):74-83.

陶晓丽,王海芸,黄露,等,2017. 高端创新要素市场化配置模式研究[J]. 中国科技论坛(5):5-11.

陶映雪,2014. 科技期刊在知识创新活动中的作用[J]. 河北联合大学学报(社会科学版),14(4):58-59.

汪明峰,魏也华,邱娟,2014. 中国风险投资活动的空间集聚与城市网络[J]. 财经研究,40(4):117-131.

汪小帆,李翔,陈关荣,2012. 网络科学导论[M]. 北京:高等教育出版社.

王蓓,陆大道,2011. 科技资源空间配置研究进展[J]. 经济地理,31(5):712-718.

王波,甄峰,朱贤强,2017. 互联网众创空间的内涵及其发展与规划策略:基于上海的调研分析[J]. 城市规划,41(9):30-37,121.

王灿,王德,朱玮,等,2015. 离散选择模型研究进展[J]. 地理科学进展,34(10):1275-1287.

王飞,2017. 城市借用规模研究综述[J]. 现代城市研究(2):120-124.

王缉慈,等,2001. 创新的空间:企业集群与区域发展[M]. 北京:北京大学出版社.

王纪武,刘妮娜,2020. 杭州市9区创新发展潜力评价研究[J]. 经济地理,40

(11):105-111.

王纪武,刘妮娜,桑万琛,2021.城市协同创新发展的组织模式与结构研究:以杭州市为例[J].城市发展研究,28(8):77-84.

王纪武,刘妮娜,张雨琦,2017.创新集聚区发展机制及空间对策的实证研究[J].规划师,33(12):42-48.

王纪武,郑浩宇,2016.网络空间概念、属性、作用与城市规划响应:兼述国外相关研究[J].城市发展研究,23(9):40-46.

王俊松,颜燕,胡曙虹,2017.中国城市技术创新能力的空间特征及影响因素:基于空间面板数据模型的研究[J].地理科学,37(1):11-18.

王萍萍,2019."政产学研金服用"创新共同体协同机制研究:基于协同创新网络的视角[J].上海市经济管理干部学院学报,17(4):1-9.

王如玉,梁琦,李广乾,2018.虚拟集聚:新一代信息技术与实体经济深度融合的空间组织新形态[J].管理世界,34(2):13-21.

王腾飞,谷人旭,马仁锋,2020.知识溢出研究的"空间性"转向及人文与经济地理学议题[J].经济地理,40(6):47-59.

王铁,邰鹏飞,2016.山东省国家级乡村旅游地空间分异特征及影响因素[J].经济地理,36(11):161-168.

王兴平,朱凯,2015.都市圈创新空间:类型、格局与演化研究:以南京都市圈为例[J].城市发展研究,22(7):8-15.

王雪原,2015.创新资源配置管理理论方法研究:区域、平台、联盟与企业多层面视角[M].北京:机械工业出版社.

王叶军,2019.相关多样化、不相关多样化与城市服务业就业:基于全国270个城市的面板数据[J].河北经贸大学学报(综合版),19(2):59-66.

王振坡,王欣雅,严佳,2020.城市高质量发展之创新空间演进的逻辑与思路[J].城市发展研究,27(8):51-58.

韦胜,王磊,曹珺涵,2020.长三角地区创新空间分布特征与影响因素:以"双创"机构为例[J].经济地理,40(8):36-42.

卫彦渊,李康,2019.产业升级导向下的镇江高新区核心区规划研究[J].规划师,35(S1):87-91.

巫细波,2019.外资主导下的汽车制造业空间分布特征及其影响因素:以广州为例[J].经济地理,39(7):119-128.

吴贵华,2020.创新空间分布和空间溢出视角下城市群创新中心形成研究[D].泉州:华侨大学.

吴军,叶裕民,2020.消费场景:一种城市发展的新动能[J].城市发展研究,27(11):24-30.

吴志强,于泓,2005.城市规划学科的发展方向[J].城市规划学刊(6):2-10.

吴中超,2021.网络结构、创新基础设施与区域创新绩效:基于网络DEA乘法模型的分析[J].北京交通大学学报(社会科学版),20(2):79-89.

香林,戴靓,朱禧惠,等,2021.中国城市知识创新网络的等级性与区域性演化:以合著科研论文为例[J].现代城市研究(1):25-31.

项雪纯,2020. 企业特征对区位选择的影响研究[D]. 合肥:中国科学技术大学.

谢敏,赵红岩,朱娜娜,等,2017. 宁波市软件产业空间格局演化及其区位选择[J]. 经济地理,37(4):127-134,148.

谢明霞,王家耀,陈科,2016. 地理国情分类区划模型构建及实证研究:以河南省为例[J]. 地理科学进展,35(11):1360-1368.

解永庆,2018. 区域创新系统的空间组织模式研究:以杭州城西科创大走廊为例[J]. 城市发展研究,25(11):73-78,102.

邢华,张常明,2018. 浮现中的城市群创新网络:京津冀城市间专利合作与城市群演进[J]. 地域研究与开发,37(4):61-66.

熊彼特,2015. 经济发展理论[M]. 郭武军,吕阳,译. 北京:华夏出版社.

许凯,孙彤宇,叶磊,2020. 创新街区的产生、特征与相关研究进展[J]. 城市规划学刊(6):110-117.

许泽宁,高晓路,2016. 基于电子地图兴趣点的城市建成区边界识别方法[J]. 地理学报,71(6):928-939.

鄢涛,李芬,彭锐,2012. 基于景观生态安全格局的城镇绿色廊道网络建立研究[J]. 城市发展研究,19(8):22-27.

杨帆,徐建刚,周亮,2016. 基于DBSCAN空间聚类的广州市区餐饮集群识别及空间特征分析[J]. 经济地理,36(10):110-116.

杨玲,鲁荣东,张玫晓,2022. 中国大健康产业发展布局分析[J]. 卫生经济研究,39(6):4-7.

杨青,张凯雷,2016. 东湖国家自主创新示范区"一区多园"管理体制创新研究[J]. 科学与管理,36(1):9-12.

杨续,2007. 武汉汽车产业集群发展研究[D]. 武汉:武汉理工大学.

姚常成,李迎成,2021. 中国城市群多中心空间结构的演进:市场驱动与政策引导[J]. 社会科学战线(2):78-88,281.

姚常成,宋冬林,2019. 借用规模、网络外部性与城市群集聚经济[J]. 产业经济研究(2):76-87.

姚常成,宋冬林,范欣,2020a. 城市"规模"偏小不利于经济增长吗:两种借用规模视角下的再审视[J]. 中国人口·资源与环境,30(8):62-71.

姚常成,吴康,2020b. 多中心空间结构促进了城市群协调发展吗:基于形态与知识多中心视角的再审视[J]. 经济地理,40(3):63-74.

姚常成,吴康,2022. 集聚外部性、网络外部性与城市创新发展[J]. 地理研究,41(9):2330-2349.

叶琴,曾刚,2019. 经济地理学视角下创新网络研究进展[J]. 人文地理,34(3):7-13,145.

尹宏玲,吴志强,2015. 极化&扁平:美国湾区与长三角创新活动空间格局比较研究[J]. 城市规划学刊(5):50-56.

俞国军,贺灿飞,朱晟君,2020. 企业家精神与南昌众创空间涌现:基于演化经济地理学视角[J]. 经济地理,40(3):141-151,159.

郁鹏,路征,2012.区域创新系统:理论与政策[J].特区经济(10):209-211.

曾鹏,李晋轩,2018.城市创新空间的新发展及其生成机制的再讨论[J].天津大学学报(社会科学版),20(3):253-260.

张凡,宁越敏,2020.中国城市网络研究的自主性建构[J].区域经济评论(2):84-92.

张惠璇,刘青,李贵才,2017."刚性·弹性·韧性":深圳市创新型产业的空间规划演进与思考[J].国际城市规划,32(3):130-136.

张京祥,何鹤鸣,2019.超越增长:应对创新型经济的空间规划创新[J].城市规划,43(8):18-25.

张京祥,唐爽,何鹤鸣,2021.面向创新需求的城市空间供给与治理创新[J].城市规划,45(1):9-19,29.

张可云,何大梽,2020.空间类分与空间选择:集聚理论的新前沿[J].经济学家,1(4):34-47.

张坤,2013.欧洲城市河流与开放空间耦合关系研究:以英国伦敦、德国埃姆舍地区公园为例[J].城市规划,37(6):76-80.

张丽,韩增林,2020.大连市文化企业的空间分布变化与区位影响因素[J].地理科学,40(4):665-673.

张鹏,陈雯,吴加伟,等,2020.合作园区类型、合作动力与效应的研究进展与展望[J].热带地理,40(4):589-603.

张尚武,陈烨,宋伟,等,2016.以培育知识创新区为导向的城市更新策略:对杨浦建设"知识创新区"的规划思考[J].城市规划学刊(4):62-66.

张苏梅,顾朝林,葛幼松,等,2001.论国家创新体系的空间结构[J].人文地理,16(1):51-54.

张晓平,孙磊,2012.北京市制造业空间格局演化及影响因子分析[J].地理学报,67(10):1308-1316.

张一,2019.山东省重点开发区经济与人口时空耦合关系研究[D].济南:山东师范大学.

张艺帅,赵民,程遥,2021.面向新时代的城市体系发展研究及其规划启示:基于"网络关联"与"地域邻近"的视角[J].城市规划,45(5):9-20.

张艺帅,赵民,王启轩,等,2018."场所空间"与"流动空间"双重视角的"大湾区"发展研究:以粤港澳大湾区为例[J].城市规划学刊(4):24-33.

张翼鸥,谷人旭,马双,2019.中国城市间技术转移的空间特征与邻近性机理[J].地理科学进展,38(3):370-382.

张永波,张峰,2017.基于企业投资数据的京津冀科技创新空间网络研究[J].城市规划学刊(S2):72-78.

张毓辉,王秀峰,万泉,等,2017.中国健康产业分类与核算体系研究[J].中国卫生经济,36(4):5-8.

张泽,黎智枫,肖扬,2018.上海市创新活动的微观分布空间特征:基于专利申请数据的研究[J].现代城市研究(5):80-85,93.

赵梓渝,王士君,陈肖飞,2021.模块化生产下中国汽车产业集群空间组织重构:以一汽—大众为例[J]. 地理学报,76(8):1848-1864.

郑德高,马璇,李鹏飞,等,2020. 长三角创新走廊比较研究:基于4C评估框架的认知[J]. 城市规划学刊(3):88-95.

郑德高,孙娟,马璇,等,2019. 知识—创新时代的城市远景战略规划:以杭州2050为例[J]. 城市规划,43(9):43-52.

郑德高,袁海琴,2017. 校区、园区、社区:三区融合的城市创新空间研究[J]. 国际城市规划,32(4):67-75.

郑准,张凡,王炳富,2021. 全球管道、知识守门者与战略性新兴产业集群发展:来自苏州高新区IC产业集群的案例[J]. 企业经济,40(3):24-32.

钟顺昌,闫程莉,2019. 产业相关多样化和无关多样化对城镇化进程的影响[J]. 城市问题(5):21-33,94.

周灿,2018. 中国电子信息产业集群创新网络演化研究:格局、路径、机理[D]. 上海:华东师范大学.

周灿,曾刚,宓泽锋,2019. 中国城市群技术知识单中心与多中心探究[J]. 地理研究,38(2):235-246.

周灿,曾刚,宓泽锋,等,2017. 区域创新网络模式研究:以长三角城市群为例[J]. 地理科学进展,36(7):795-805.

周寄中,1999. 科技资源论[M]. 西安:陕西人民教育出版社:107-113.

周素红,裴亚新,2016. 众创空间的非正式创新联系网络构建及规划应对[J]. 规划师,32(9):11-17.

朱桂龙,张艺,陈凯华,2015. 产学研合作国际研究的演化[J]. 科学学研究,33(11):1669-1686.

朱丽霞,2009. "借用规模"与非都市区企业的发展[J]. 经济地理,29(3):420-424.

朱贻文,曾刚,曹贤忠,等,2017. 不同空间视角下创新网络与知识流动研究进展[J]. 世界地理研究,26(4):117-125.

祝影,王飞,2016. 基于耦合理论的中国省域创新驱动发展评价研究[J]. 管理学报,13(10):1509-1517.

邹伟进,李旭洋,王向东,2016. 基于耦合理论的产业结构与生态环境协调性研究[J]. 中国地质大学学报(社会科学版),16(2):88-95.

• 外文文献 •

ALLMENDINGER P, HAUGHTON G, 2007. The fluid scales and scope of UK spatial planning[J]. Environment and planning A:economy and space, 39(6):1478-1496.

ALLMENDINGER P, HAUGHTON G, 2009. Soft spaces, fuzzy boundaries, and metagovernance:the new spatial planning in the Thames Gateway[J]. Environment and planning A:economy and space, 41(3):617-633.

ALLMENDINGER P, HAUGHTON G, KNIELING J, et al, 2015. Soft spaces of governance in Europe:a comparative perspective[M]. London:Routledge.

ALONSO W,1964. Location and land use: toward a general theory of land rent [M]. Cambridge: Harvard University Press.

BALLAND P-A,JARA-FIGUEROA C,PETRALIA S G,et al,2020. Complex economic activities concentrate in large cities [J]. Nature Human Behavior,4:248-254.

BATHELT H,GLÜCKLER J,2003. Toward a relational economic geography [J]. Journal of economic geography,3(2):117-144.

BATHELT H,LI P F,2014. Global cluster networks: foreign direct investment flows from Canada to China[J]. Journal of economic geography,14(1):45-71.

BATHELT H,MALMBERG A,MASKELL P,2004. Clusters and knowledge: local buzz, global pipelines and the process of knowledge creation[J]. Progress in human geography,28(1):31-56.

BLONDEL V D, GUILLAUME J-L, LAMBIOTTE R, et al, 2008. Fast unfolding of communities in large networks[J]. Journal of statistical mechanics: theory and experiment,10:10008.

BOSCHMA R A,2005. Proximity and innovation: a critical assessment[J]. Regional studies,39(1):61-74.

BOSCHMA R A,MARTIN R,2010. The handbook of evolutionary economic geography[M]. Northampton: Edward Elgar Publishing.

BROEKEL T, BOSCHMA R A, 2012. Knowledge networks in the Dutch aviation industry: the proximity paradox [J]. Journal of economic geography,12(2):409-433.

BROEKEL T, HARTOG M, 2013. Explaining the structure of inter-organizational networks using exponential random graph models[J]. Industry and innovation,20(3):277-295.

BUNNELL T G, COE N M, 2001. Spaces and scales of innovation[J]. Progress in human geography,25(4):569-589.

BURGER M J, MEIJERS E J, 2016. Agglomerations and the rise of urban network externalities[J]. Papers in regional science,95(1):5-15.

BURGER M J,MEIJERS E J,HOOGERBRUGGE M M,et al,2015. Borrowed size, agglomeration shadows and cultural amenities in North-West Europe [J]. European planning studies,23(6):1090-1109.

CAMAGNI R, CAPELLO R, CARAGLIU A, 2015. The rise of second-rank cities: what role for agglomeration economies [J]. European planning studies,23(6):1069-1089.

CAMAGNI R, CAPELLO R, CARAGLIU A, 2017. Static vs. dynamic agglomeration economies: spatial context and structural evolution behind urban growth[J]. Papers in regional science,95(1):133-158.

CAMPELLO R J G B, MOULAVI D, SANDER J, 2013. Density-based

clustering based on hierarchical density estimates[C]//University of Technology Sydney. Pacific-Asia conference on knowledge discovery and data mining. Berlin:Springer:160-172.

CAO X Z,ZENG G,TENG T W,et al,2018. The best spatial scale of firm innovation networks:evidence from Shanghai high-tech firms[J]. Growth and change,49(4):696-711.

CAO X Z,ZENG G,YE L,2019. The structure and proximity mechanism of formal innovation networks:evidence from Shanghai high-tech ITISAs[J]. Growth and change,50(2):569-586.

CAO Z,DERUDDER B,DAI L,et al,2022. 'Buzz-and-pipeline' dynamics in Chinese science:the impact of interurban collaboration linkages on cities' innovation capacity[J]. Regional studies,56(2):290-306.

CAPELLO R,2000. The city network paradigm:measuring urban network externalities[J]. Urban studies,37(11):1925-1945.

CARLI G,MORRISON A,2018. On the evolution of the Castel Goffredo hosiery cluster:a life cycle perspective[J]. European planning studies,26(5):915-932.

CHEN W L,HUANG X J,LIU Y H,et al,2019. The impact of high-tech industry agglomeration on green economy efficiency:evidence from the Yangtze River economic belt[J]. Sustainability,11(19):5189.

CHESBROUGH H W,2003. Open innovation:the new imperative for creating and profiting from technology[M]. Boston:Harvard Business School Press.

CHOI J,2020. The role of local actors in spatial agglomeration of innovative activities:evidence from 3D printing[J]. Technology analysis & strategic management,32(11):1353-1365.

CLARK G L,GERTLER M S,FELDMAN M P,et al,2018. The new Oxford handbook of economic geography[M]. 2nd ed. London:Oxford University Press.

CLAUSET A,NEWMAN M E J,MOORE C,2004. Finding community structure in very large networks[J]. Physical review E,70(6):066111.

COE N M,YEUNG H W C,2019. Global production networks:mapping recent conceptual developments[J]. Journal of economic geography,19(4):775-801.

COUNSELL D,HAUGHTON G,ALLMENDINGER P,2014. Growth management in Cork through boom, bubble and bust[J]. European planning studies,22(1):46-63.

CRESSWELL T,2013. Geographic thought:a critical introduction[M]. Chichester:Wiley-Blackwell:196-218.

DOREIAN P,BATAGELJ V,FERLIGOJ A,2005. Generalized blockmodeling[M]. Cambridge:Cambridge University Press.

DURANTON G, PUGA D, 2004. Micro-foundations of urban agglomeration economies[M]//GLAESER E L, KAHN M E. Handbook of regional and urban economics. Amsterdam: Elsevier: 2063-2117.

ETZKOWITZ H, LEYDESDORFF L, 1995. The Triple Helix-University-industry-government relations: a laboratory for knowledge based economic development[J]. EASST review, 14(1): 14-19.

FALUDI A, 2013. A reader in planning theory[M]. Amsterdam: Elsevier.

FELDMAN M P, 2002. The Internet revolution and the geography of innovation[J]. International social science journal, 54(171): 47-56.

FITJAR R D, HUBER F, RODRÍGUEZ-POSE A, 2016. Not too close, not too far: testing the goldilocks principle of 'optimal' distance in innovation networks[J]. Industry and innovation, 23(6): 465-487.

FLORIDA R, 2002. The rise of the creative class[J]. Washington monthly, 35(5): 593-596.

FLORIDA R L, 2004. Cities and the creative class[M]. New York: Routledge.

FREEMAN C, 1991. Networks of innovators: a synthesis of research issues[J]. Research policy, 20(5): 499-514.

FREEMAN L C, 1978. Centrality in social networks conceptual clarification[J]. Social networks, 1(3): 215-239.

FREEMAN L C, 2004. The development of social network analysis: a study in the sociology of science[M]. Vancouver: Empirical Press.

FRITSCH M, KUBLINA S, 2018. Related variety, unrelated variety and regional growth: the role of absorptive capacity and entrepreneurship[J]. Regional studies, 52(10): 1360-1371.

FUNK J, 2018. Beyond patents[J]. Issues in science and technology, 34(4): 48-54.

GIRVAN M, NEWMAN M E J, 2002. Community structure in social and biological networks[J]. Proceedings of the national academy of sciences of the United States of America, 99(12): 7821-7826.

GLAESER E L, KALLAL H D, SCHEINKMAN J A, et al, 1992. Growth in cities[J]. Journal of political economy, 100(6): 1126-1152.

GLÜCKLER J, 2007. Economic geography and the evolution of networks[J]. Journal of economic geography, 7(5): 619-634.

GLÜCKLER J, DOREIAN P, 2016a. Editorial: social network analysis and economic geography: positional, evolutionary and multi-level approaches[J]. Journal of economic geography, 16(6): 1123-1134.

GLÜCKLER J, PANITZ R, 2016b. Relational upgrading in global value networks[J]. Journal of economic geography, 16(6): 1161-1185.

GRANOVETTER M S, 1973. The strength of weak ties[J]. American journal of sociology, 78(6): 1360-1380.

GUI Q C, LIU C L, DU D B, 2019. Globalization of science and international scientific collaboration: a network perspective[J]. Geoforum, 105: 1-12.

HAN S Y, TSOU M H, CLARKE K C, 2018. Revisiting the death of geography in the era of big data: the friction of distance in cyberspace and real space[J]. International journal of digital earth, 11(5): 451-469.

HANNA K, 2016. Innovation districts and the changing geography of London's knowledge economy[R]. London: Centre for London.

HARRISON J, GROWE A, 2014. From places to flows? Planning for the new 'regional world' in Germany[J]. European urban and regional studies, 21(1): 21-41.

HAUGHTON G, ALLMENDINGER P, 2008. The soft spaces of local economic development[J]. Local economy, 23(2): 138-148.

HAUGHTON G, ALLMENDINGER P, 2015. Fluid spatial imaginaries: evolving estuarial city-regional spaces[J]. International journal of urban and regional research, 39(5): 857-873.

HAUGHTON G, ALLMENDINGER P, COUNSELL D, et al, 2009. The new spatial planning: territorial management with soft spaces and fuzzy boundaries[M]. New York: Routledge.

HE C F, WANG J S, 2012. Does ownership matter for industrial agglomeration in China[J]. Asian geographers, 29 (1): 1-19.

HE Y B, TAN H Y, LUO W M, et al, 2014. MR-DBSCAN: a scalable MapReduce-based DBSCAN algorithm for heavily skewed data [J]. Frontiers of computer science, 8(1): 83-99.

HEALY A, MORGAN K, 2012. Spaces of innovation: learning, proximity and the ecological turn[J]. Regional studies, 46(8): 1041-1053.

HEIMERIKS G, LI D Y, LAMERS W, et al, 2019. Scientific knowledge production in European regions: patterns of growth, diversity and complexity[J]. European planning studies, 27(11): 2123-2143.

HELEY J, 2013. Soft spaces, fuzzy boundaries and spatial governance in post-devolution Wales[J]. International journal of urban and regional research, 37(4): 1325-1348.

HENDERSON W D, ALDERSON A S, 2016. The changing economic geography of large US law firms[J]. Journal of economic geography, 16(6): 1235-1257.

HOOVER E M, 1936. The measurement of industrial localization[J]. The review of economics and statistics, 18(4): 162-171.

HUANG Y, HONG T, MA T, 2020. Urban network externalities, agglomeration economies and urban economic growth [J]. Cities, 107: 102882.

JACOBS J, 1969. The economy of cities[M]. New York: Random House.

JAY S, 2018. The shifting sea: from soft space to lively space[J]. Journal of environmental policy & planning, 20(4): 450-467.

JENSEN O B, RICHARDSON T, 2004. Making European space: mobility, power and territorial identity[M]. New York: Routledge.

KACZMAREK T, 2018. Soft planning for soft spaces. Concept of Poznań metropolitan area development: a case study[J]. Miscellanea geographica, 22(4): 181-186.

KATZ B, WAGNER J, 2014. The rise of innovation districts: a new geography of innovation in America[R]. Washington: Brookings.

KRUGMAN P R, 1996. Making sense of the competitiveness debate[J]. Oxford review of economic policy, 12(3): 17-25.

LEVELT M, JANSSEN-JANSEN L, 2013. The Amsterdam Metropolitan Area challenge: opportunities for inclusive coproduction in city-region governance[J]. Environment and planning C: government and policy, 31(3): 540-555.

LI J Y, WEBSTER D, CAI J M, et al, 2019a. Innovation clusters revisited: on dimensions of agglomeration, institution, and built-environment[J]. Sustainability, 11(12): 3338.

LI Y C, PHELPS N, 2018. Megalopolis unbound: knowledge collaboration and functional polycentricity within and beyond the Yangtze River Delta Region in China, 2014[J]. Urban studies, 55(2): 443-460.

LI Y C, PHELPS N A, 2019b. Megalopolitan glocalization: the evolving relational economic geography of intercity knowledge linkages within and beyond China's Yangtze River Delta region, 2004-2014[J]. Urban geography, 40(9): 1310-1334.

LIEFNER I, HENNEMANN S, 2011. Structural holes and new dimensions of distance: the spatial configuration of the scientific knowledge network of China's optical technology sector[J]. Environment and planning A: economy and space, 43(4): 810-829.

LIU J, CHAMINADE C, ASHEIM B T, 2013. The geography and structure of global innovation networks: a knowledge base perspective[J]. European planning studies, 21(9): 1456-1473.

LIU N N, WANG J W, SONG Y, 2019. Organization mechanisms and spatial characteristics of urban collaborative innovation networks: a case study in Hangzhou, China[J]. Sustainability, 11(21): 5988.

LUND H B, KARLSEN A, 2020. The importance of vocational education institutions in manufacturing regions: adding content to a broad definition of regional innovation systems[J]. Industry and innovation, 27(6): 660-679.

LÜTHI S, THIERSTEIN A, GOEBEL V, 2010. Intra-firm and extra-firm linkages in the knowledge economy: the case of the emerging mega-city region of Munich[J]. Global networks,10(1):114-137.

LYU G Q,LIEFNER I,2018. The spatial configuration of innovation networks in China[J]. GeoJournal,83(6):1393-1410.

LYU L C,WU W P,HU H P, et al,2019. An evolving regional innovation network:collaboration among industry,university,and research institution in China's first technology hub[J]. The journal of technology transfer,44(3):659-680.

MA H T,LI Y C,HUANG X D,2021. Proximity and the evolving knowledge polycentricity of megalopolitan science:evidence from China's Guangdong-Hong Kong-Macao Greater Bay Area,1990 – 2016[J]. Urban studies,58(12):2405-2423.

MARKUSEN A,1996. Sticky places in slippery space:a typology of industrial districts[J]. Economic geography,72(3):293-313.

MCCANN P,ACS Z J,2011. Globalization:countries,cities and multinationals[J]. Regional studies,45(1):17-32.

MEIJERS E J,BURGER M J,2017. Stretching the concept of 'borrowed size'[J]. Urban studies,54(1):269-291.

MEIJERS E J,BURGER M J,HOOGERBRUGGE M M,2016. Borrowing size in networks of cities:city size, network connectivity and metropolitan functions in Europe[J]. Papers in regional science,95(1):181-198.

METZGER J,SCHMITT P,2012. When soft spaces harden:the EU strategy for the Baltic Sea Region[J]. Environment and planning A:economy and space,44(2):263-280.

MONTRESOR S,QUATRARO F,2017. Regional branching and key enabling technologies:evidence from European patent data [J]. Economic geography,93(4):367-396.

MULLER E, PERES R, 2019. The effect of social networks structure on innovation performance: a review and directions for research [J]. International journal of research in marketing,36(1):3-19.

NEPELSKI D,PRATO G D,2018. The structure and evolution of ICT global innovation network[J]. Industry and innovation,25(10):940-965.

OECD,Eurostat,2005. Oslo manual:guidelines for collecting and interpreting innovation data[M]. 3rd ed. Paris:OECD Publishing.

PANITZ R,GLUECKLER J,2017. Rewiring global networks at local events: congresses in the stock photo trade[J]. Global networks,17(1):147-168.

PHELPS N A,FALLON R J,WILLIAMS C L,2001. Small firms, borrowed size and the urban-rural shift[J]. Regional studies,35(7):613-624.

PIQUE J M,BERBEGAL-MIRABENT J,ETZKOWITZ H,2018. Triple Helix and the evolution of ecosystems of innovation:the case of Silicon Valley

[J]. Triple helix,5(1):1-21.

PONS P, LATAPY M, 2006. Computing communities in large networks using random walks[J]. Journal of graph algorithms and applications, 10(2): 191-218.

PORTER M E, 1998. Clusters and the new economics of competition[J]. Harvard business review,76(6):77-90.

PORTER M E, KETELS C, 2009. Clusters and industrial districts-common roots, different perspectives[M]//BECATTINI G, BELLANDI M, DE PROPRIS L. A handbook of industrial districts. Cheltenham: Edward Elgar Publishing.

RAGHAVAN U N, ALBERT R, KUMARA S, 2007. Near linear time algorithm to detect community structures in large-scale networks[J]. Physical review E,76(3):036106.

RAMMER C, KINNE J, BLIND K, 2020. Knowledge proximity and firm innovation: a microgeographic analysis for Berlin[J]. Urban studies, 57(5):996-1014.

ROSENTHAL S S, STRANGE W C, 2003. Geography, industrial organization, and agglomeration[J]. The review of economics and statistics, 85(2): 377-393.

ROSENTHAL S S, STRANGE W C, 2004. Evidence on the nature and sources of agglomeration economies[M]//GLAESER E L, KAHN M E. Handbook of regional and urban economics. Amsterdam: Elsevier: 2119-2171.

ROSVALL M, BERGSTROM C T, 2008. Maps of random walks on complex networks reveal community structure[J]. Proceedings of the national academy of sciences of the United States of America, 105(4):1118-1123.

SAVINI F, 2012. Who makes the (new) metropolis? Cross-border coalition and urban development in Paris[J]. Environment and planning A: economy and space,44(8):1875-1895.

SHENG Y W, ZHAO J L, ZHANG X B, et al, 2019. Innovation efficiency and spatial spillover in urban agglomerations: a case of the Beijing-Tianjin-Hebei, the Yangtze River Delta, and the Pearl River Delta[J]. Growth and change,50(4):1280-1310.

SMITH C, HOLDEN M, YU E, et al, 2021. 'So what do you do?': third space professionals navigating a Canadian university context[J]. Journal of higher education policy and management,43(5):505-519.

STEAD D, 2011. European macro-regional strategies: indications of spatial rescaling[J]. Planning theory and practice,12(1):163-167.

STORPER M, 2013. Keys to the city: how economics, institutions, social interactions, and politics shape the development[M]. Princeton: Princeton University Press.

STORPER M, VENABLES A J, 2004. Buzz: face-to-face contact and the urban economy[J]. Journal of economic geography, 4(4): 351-370.

TAYLOR P J, HOYLER M, VERBRUGGEN R, 2010. External urban relational process: introducing central flow theory to complement central place theory[J]. Urban studies, 47(13): 2803-2818.

TEIRLINCK P, SPITHOVEN A, 2008. The spatial organization of innovation: open innovation, external knowledge relations and urban structure[J]. Regional studies, 42(5): 689-704.

TELLE S, 2017. Euroregions as soft spaces: between consolidation and transformation[J]. European spatial research and policy, 24(2): 93-110.

TURKINA E, ASSCHE A V, KALI R, 2016. Structure and evolution of global cluster networks: evidence from the aerospace industry[J]. Journal of economic geography, 16(6): 1211-1234.

VAN MEETEREN M, NEAL Z, DERUDDER B, 2016. Disentangling agglomeration and network externalities: a conceptual typology[J]. Papers in regional science, 95(1): 61-80.

VISSERS G, DANKBAAR B, 2013. Knowledge and proximity[J]. European planning studies, 21(5): 700-721.

WAI A L J T, BOSCHMA R A, 2009. Applying social network analysis in economic geography: framing some key analytic issues[J]. The Annals of regional science, 43(3): 739-756.

WALSH C, 2014. Rethinking the spatiality of spatial planning: methodological territorialism and metageographies[J]. European planning studies, 22(2): 306-322.

WARGENT M, 2019. Book review-soft spaces in Europe: re-negotiating governance[J]. Boundaries and borders, 12(3): 265-268.

WIPO, 2022. Global innovation index 2022: what is the future of innovation-driven growth[Z]. Geneva: World Intellectual Property Organization.

YE D, WU Y J, GOH M, 2020. Hub firm transformation and industry cluster upgrading: innovation network perspective[J]. Management decision, 58(7): 1425-1448.

ZENG G, LIEFNER I, SI Y F, 2011. The role of high-tech parks in China's parks in China's regional economy: empirical evidence from the IC industry in the Zhangjiang high-tech park, Shanghai[J]. Edkunde, 65(1): 43-53.

ZHU B, PAIN K, TAYLOR P J, et al, 2022. Exploring external urban relational processes: inter-city financial flows complementing global city-regions[J]. Regional studies, 56(5): 737-750.

ZIMMERBAUER K, PAASI A, 2020. Hard work with soft spaces (and vice versa): problematizing the transforming planning spaces[J]. European planning studies, 28(4): 771-789.

图表来源

图 1-1 源自:笔者绘制.

图 1-2 源自:笔者绘制[底图源自湖北省地理信息公共服务平台,审图号为鄂 S(2020)003 号].

图 1-3 源自:笔者绘制.

图 3-1 至图 3-5 源自:笔者绘制.

图 3-6 制图 3-9 源自:笔者绘制[底图源自湖北省地理信息公共服务平台,审图号为鄂 S(2020)003 号].

图 3-10 至图 3-13 源自:笔者绘制.

图 4-1、图 4-2 源自:笔者绘制.

图 4-3、图 4-4 源自:笔者绘制[底图源自湖北省地理信息公共服务平台,审图号为鄂 S(2020)003 号].

图 4-5 至图 4-12 源自:笔者绘制.

图 5-1 至图 5-18 源自:笔者绘制.

图 6-1 至图 6-10 源自:笔者绘制.

表 1-1 源自:VAN MEETEREN M,NEAL Z,DERUDDER B,2016. Disentangling agglomeration and network externalities:a conceptual typology[J]. Papers in regional science,95(1):61-80.

表 2-1 源自:笔者绘制.

表 2-2 源自:笔者根据 ZIMMERBAUER K,PAASI A,2020. Hard work with soft spaces (and vice versa):problematizing the transforming planning spaces[J]. European planning studies,28(4):771-789;TELLE S,2017. Euroregions as soft spaces:between consolidation and transformation[J]. European spatial research and policy,24(2):93-110 绘制.

表 2-3 源自:笔者绘制.

表 3-1 至表 3-5 源自:笔者绘制.

表 4-1 至表 4-6 源自:笔者绘制.

表 5-1 至表 5-3 源自:笔者绘制.

表 6-1、表 6-2 源自:笔者根据相关资料整理绘制.

表 6-3 至表 6-6 源自:笔者绘制.

本书作者

聂晶鑫，男，湖北随州人。北京工业大学城市建设学部讲师、师资博士后，英国剑桥大学联合培养博士。主要从事城市与区域网络结构、创新导向的城市空间优化、国土空间优化与治理等方面的研究。主持国家自然科学基金青年项目1项，博士后面上项目1项。在国内外核心及以上期刊上发表论文15篇，参与译著1部。获得国家与省级优秀城市规划设计奖项5项，并获得包括第四届金经昌中国城乡规划研究生论文竞赛优胜奖在内的论文奖项若干。

刘合林，男，湖北咸宁人。华中科技大学建筑与城市规划学院城市规划系主任、教授、博士生导师；英国剑桥大学博士、博士后；中国技术经济学会低碳智慧城市专业委员会副主任委员，中国城市规划学会城市规划新技术应用学术委员会委员，中国地理学会城市地理专业委员会委员等。入选国家高层次青年人才计划和自然资源部高层次科技创新人才工程青年科技人才计划。主要从事城市与区域创新发展、城市与区域计算模型和低碳国土空间规划研究。近年来主持国家自然科学基金和社会科学基金3项，省部级基金1项。出版中英文专著5部、译著2部，在国内外学术期刊上发表高水平中英文论文60多篇。